La naissance/le fonctionnement de notre univers (perceptible) - Matière, énergie, espace et temps

Marc-Henri Ahoua

# La naissance/le fonctionnement de notre univers (perceptible) - Matière, énergie, espace et temps

**Informations bibliographiques de la**
**Bibliothèque nationale allemande**
La Bibliothèque nationale allemande répertorie cette publication dans la Bibliographie nationale allemande; des données bibliographiques détaillées sont disponibles sur Internet à l'adresse http://dnb.d-nb.de.
1ère édition. - Göttingen : Cuvillier, 2021


Nonnenstieg 8, 37075 Göttingen, Allemagne
Téléphone : +49551-54724-0
Fax : +49551-54724-21
www.cuvillier.de


1ère édition, 2021
Imprimé sur du papier écologique, sans acide, issu de la sylviculture durable.
ISBN 978-3-7369-7412-8
eISBN 978-3-7369-6412-9

# La naissance/le fonctionnement de notre univers (perceptible) - Matière, énergie, espace et temps

## Introduction

La naissance et/ou le fonctionnement de notre univers -c'est-à-dire de l'univers perceptible par l'être humain- sont liés intimement, inéluctablement et de manière inhérente aux quatre éléments fondamentaux, que sont la matière, l'énergie, l'espace et le temps. À mon humble avis ces quatre éléments ne sont pas définis ni décrits assez clairement. Lorsque j'ai tenté de définir ces termes de la manière la plus simple et appropriée possible pour un néophyte comme moi, j'ai alors remarqué que la présente théorie du fonctionnement de l'univers s'est développée d'elle-même, spontanément... Et s'imposait comme la conclusion la plus logique possible... Dans l'essai d'origine mes pensées n'étaient pas linéaires et je les ai écrites telles qu'elles me venaient à l'esprit -donc de manière quelque peu chaotique... La présente version est la troisième... J'ai essayé de l'écrire pour qu'elle soit compréhensible par tout autre lecteur que moi. Dans un premier temps je vais d'abord tenter de définir les quatre éléments fondamentaux le plus clairement possible. Nous observerons ensuite leur interaction sur laquelle repose le fonctionnement fondamental et de principe de notre univers.

# *Le temps*

De manière empirique chacun peut constater que le temps est constitué de trois composantes: le passé, le présent et le futur. Qui plus est chacun peut aussi observer que le temps est un élément/phénomène dynamique. En effet chaque point sur une ligne temporelle se déplace du futur vers le passé en passant par le présent. Comme si nous "avancions" vers le futur. Le mouvement s'effectue toujours et uniquement dans ce sens. Même la langue courante signale que le temps est un phénomène dynamique. En effet, on dit "Que le temps passe vite!", alors qu'on ne dit pas "Que l'espace passe vite!". Une autre caractéristique du temps est que ses composantes futures et passées ne sont pas "saisissables". On se souvient du passé et on peut imaginer le futur, mais nous ne pouvons percevoir que le présent. Par exemple, on ne peut pas serrer la main d'un individu vivant dans le passé ou le futur. Nos sens sont prisonniers du présent, qui est lui même quasi imperceptible, puisqu'il s'agit de la frontière tendant à l'infiniment petit entre le passé et le futur. En fait le présent tend à ne pas exister -tendance vers zéro-. Ainsi, empiriquement observe-t-on que les trois principales caractéristiques du temps sont la dynamique, le sens unique de mouvement et la tendance vers zéro.

## La caractéristique dynamique du temps

Le temps est donc un phénomène dynamique. Or tous les phénomènes dynamiques reposent sur une interaction de forces et toute interaction de forces renferme de l'énergie. En d'autres termes qui dit forces, dit énergie. Donc le temps est nécessairement composé d'énergie. En tout cas en ce qui concerne notre aptitude à percevoir le temps, ceci est encore plus vrai, dans la mesure où toutes nos références de mesure du temps reposent soit sur la rotation de la terre sur elle-même (mesure horaire - jour/nuit) soit sur la rotation de la terre autour du soleil (mesure annuelle/mensuelle). Le caractère cyclique de ces mouvements conditionne notre perception du temps.

## La caractéristique mono-directionnelle

Peu de choses à dire à ce sujet si ce n'est que le temps est un phénomène "mono-directionnel", c'est-à-dire qui s'effectue dans un sens unique: le futur devient présent et le présent devient passé. En tout cas telle en est notre perception, ce qui ne veut pas dire qu'il soit impossible de "remonter" le temps. Quoi qu'il en soit, je n'ai pas connaissance de phénomène au cours duquel des êtres vivants sont en mesure ni de "remonter" ni "d'avancer" dans le temps. Si soudain la Terre se mettait à tourner en sens inverse autour du soleil tout en inversant sa rotation, peut-être cela permettrait-il de remonter dans le temps. Cependant même si pareille inversion de mouvement était possible, je doute fortement que cela soit la solution.

## La tendance vers zéro

Le passé n'existe plus et le futur n'existe pas encore. "N'existe plus" et "n'existe pas encore" sont en fait tous deux égaux à zéro. En fait aucun des deux n'existe. Autrement formulé: "n'existe plus" = "n'existe pas encore" = 0. Notre perception ne peut que concevoir/saisir le présent. Or le présent lui-même est une tendance vers zéro. Un phénomène tendant vers l'infiniment petit, la frontière quasi-imperceptible entre le passé et le futur... Un phénomène équivalent à "presque rien"...

En résumé et en conclusion à cette première partie sur le temps, suite aux observations que nous venons d'effectuer, il est possible de décrire le temps comme étant un phénomène composé d'énergie, mono-directionnel et avec une composante tendant vers zéro -tendant à ne pas exister. Donc de la manière la plus simplement empirique qui soit, il est possible de constater avec évidence que le temps est un phénomène dynamique composé d'énergie, donc "issu" de l'énergie.

## *L'énergie*

À présent nous allons tenter de définir/décrire l'énergie. En effet, comme nous venons de le remarquer le temps étant manifestement composé d'énergie, la transition de la partie précédente à celle-ci est donc “instinctive et naturelle“. Étant donné la conception traditionnelle que nous avons de l'énergie, je la décrirais comme étant un élément invisible, inodore, silencieux et intangible. Ce faisant, la présente théorie repose sur l'axiome suivant: à savoir, que l'énergie est “indétectable“/ imperceptible. L'énergie met la matière en mouvement et ce n'est qu'à travers les mouvements de matière que l'énergie est détectable et mesurable. Je me permettrais de qualifier les mouvements de la matière de “manifestations énergétiques“. Plus les mouvements de matière sont amples, plus la quantité d'énergie en question est importante. Les forces statiques et dynamiques sont un autre moyen d'observer le comportement de l'énergie -une autre forme de manifestation énergétique. En effet, qu'il s'agisse de forces statiques ou dynamiques, toute force est le résultat d'une “action énergétique“. Ce faisant il n'est pas ridicule d'imaginer que l'on puisse concevoir deux types d'énergie: une énergie statique et une énergie dynamique. L'énergie statique inhérente aux corps aurait une action rectiligne et celle de l'énergie dynamique serait rotative. En tout cas, dans cet essai nous allons accepter de manière axiomatique que l'énergie dynamique est rotative et que l'énergie “statique“ est rectiligne/linéaire. Quoiqu'il en soit, tout mouvement quel qu'il soit, est soit linéaire, soit rotatif, soit composé des deux. En effet, toute trajectoire non parfaitement linéaire ni parfaitement circulaire n'est rien d'autre qu'un “composé“ de lignes droites et de courbes. L'exemple théorique suivant nous permet de visualiser comment ces deux forces pourraient interagir. Imaginons deux particules seules dans l'univers -c'est-à-dire non soumises à l'action d'autres forces- et chargées comme des aimants -c-à-d que chacune de ces particules comporte deux “faces/pôles“ N/S -attraction/

répulsion linéaire. L'une de ces deux particules tourne sur elle-même. Ce faisant, cette particule va alternativement présenter sa face N puis sa face S à l'autre particule. On peut imaginer que l'autre particule soit alternativement attirée puis repoussée par les faces N/S de la particule en rotation. Si cette alternance est suffisamment rapide, on peut imaginer que la particule "statique" n'ait pas le temps de se rapprocher ni de s'écarter de la particule en rotation. Ce faisant la particule "statique" resterait toujours à la même distance de la particule en rotation. De plus, dans la mesure où les aimants tendent naturellement et fortement à s'orienter pour s'attirer, dans cet exemple théorique, on pourrait aussi imaginer que les deux particules fassent de même, c'est-à-dire que la particule "statique" tendrait à tourner sur elle-même pour ajuster ses pôles sur ceux de la particule en rotation... Évidemment, si la particule en rotation tourne trop vite, il me semble plus logique d'imaginer que la particule statique n'aura pas le temps de "s'ajuster" et il est alors probable qu'elle se contente de graviter -ou pas- autour de la particule en rotation. Quoi qu'il en soit, dans cet exemple tout est question de vitesse de rotation. En effet, si la particule en rotation tourne trop vite, il est fort possible qu'elle n'ait aucun effet sur l'autre particule. Il est même possible d'imaginer qu'une vitesse de rotation trop importante déplace les forces Attraction/Répulsion des faces vers les pôles...

Nous savons cependant que la gravitation ne fonctionne pas du tout de la sorte, malgré tout peut-être une expérience similaire mériterait d'être tentée... En apesanteur? ... Afin d'en apprendre plus sur l'interaction entre force rectiligne de type électromagnétique et force rotative de type gravitationnel?... Quoi qu'il en soit, puisque le temps contient de l'énergie il est logique d'imaginer que l'énergie partage des caractéristiques avec le temps, notamment la tendance vers l'infiniment petit, la tendance à ne pas exister?... Par conséquent dans la présente théorie je distingue tout d'abord deux types d'énergie: l'énergie statique rectiligne et l’énergie dynamique rotative. Cependant pour les besoins de la démonstration, je vais essentiellement m’intéresser à l’énergie dynamique rotative que je décrirais comme un élément invisible, intangible, imperceptible, dynamique rotatif avec une tendance vers l’infiniment petit -tendance vers 0- c’est-à-dire que l’énergie -tout comme le temps- serait “presque rien“??? Mais “presque rien“ n’est pas “rien“… Pas tout à fait… Détail qui dans la suite de cet essai va avoir son importance. Enfin il est aussi possible que l’énergie dynamique ait elle aussi une caractéristique “mono-directionnelle“. Quoi qu’il en soit, de manière absolue -c’est-à-dire dans l’espace-, il est possible de considérer que la rotation s’effectue toujours dans le même sens et que seule la “position de l’observateur“ ou de l’objet en rotation fait la différence de sens. En effet, si un objet tourne dans un sens et qu’on se met la tête en bas ou qu’on retourne l’objet de 180°, cet objet est alors perçu comme tournant en sens inverse alors qu’en réalité le sens de rotation n’a pas changé.

## *L'espace/le vide et la matière*

Après avoir tenté de décrire/définir l'énergie, et après avoir introduit la notion de corps, je m'attaque maintenant à l'espace et à la matière, que je tente de définir/décrire simultanément. En effet, d'une part il est évident que "espace" et "vide" sont deux termes qui ont exactement le même sens et d'autre part, d'après la conception générale, la matière et le vide se définissent par exclusion réciproque. C'est-à-dire que la matière est tout ce qui n'est pas vide et inversement, le vide est tout ce qui n'est pas matériel... Pour faire de la place/de l'espace, il faut "vider" -faire le vide-, faire disparaître de la matière. Cette évidence montre clairement que le vide/l'espace vient de l'absence ou de la "disparition" de matière... À ce stade de l'essai, tout lecteur se rend vite compte que l'équation de la naissance de l'univers est résolue "quasi-automatiquement": c'est-à-dire que le temps étant manifestement constitué d'énergie -donc issu de l'énergie- et l'espace étant issu de l'absence de matière -voire de la "disparition" de matière-, il est par conséquent évident que l'énergie et la matière donnent naissance à notre univers perceptible, ainsi qu'à notre perception du temps et de l'espace... Du mouvement... Comme nous le voyons, à peine avons nous défini ces quatre éléments, que nous voyons déjà comment l'univers a pu prendre naissance.

Cela ne doit pas pour autant nous empêcher de poursuivre notre description/définition de la matière. Manifestement dans le cadre de la présente réflexion, le monde scientifique contemporain semble être en accord au sujet de l'hypothèse selon laquelle avant le Big Bang l'univers tenait dans une seule particule -indivisible?-... En tout cas d'un point de vue logique et sémantique, la matière „stricto sensu" ne devrait pas contenir de „vide", ce qui implique nécessairement que cette particule est „indivisible"... De la matière „pure", pour ainsi

dire… Une particule élémentaire au sens le plus stricte possible…
Ce faisant, tout élément tel un atome par exemple est défini par mes soins comme étant un “corps“. En langage scientifique traditionnel is s’agit d’une “particule composite“. Donc dès qu’on se trouve en présence d’un élément comportant plus d’une particule, il s’agit d’un corps. Deux particules en interaction sous l’effet de forces/d’énergie constituent un corps. Par conséquent et en toute évidence, seuls des corps peuvent contenir de l’énergie, qui est libérée lorsque ceux-ci sont fragmentés et non des particules élémentaires. Enfin et toujours à des fins de „vulgarisation sémantique“, je définis le terme “objet“ comme étant un agglomérat de corps et dont les dimensions le rendent perceptible à l’œil nu. En fonction du contexte, j’utilise aussi le terme objet de manière générique, c’est-à-dire quand la nature de l’entité matérielle considérée n’est pas déterminante pour l’explication ou la démonstration en cours. Ce faisant, après avoir quasi résolu cette “équation“ -celle de la “naissance“ de l’univers-, nous allons nous intéresser à la manière dont la matière rencontre l’énergie et décrire l’interaction entre matière et énergie. De manière primitive et élémentaire bien sûr…

## *La rencontre énergie + matière*

Dans cette partie notre seule prétention est de décrire ce phénomène le plus schématiquement possible, car il est évident que le phénomène réel est bien plus complexe. Pour cela je vais tout d'abord procéder à un bref rappel de leurs caractéristiques respectives. Pour simplifier cette tentative de description, je vais considérer l'énergie comme étant essentiellement -voire uniquement- un élément dynamique rotatif et imperceptible. En effet, si la théorie classique du Big Bang sur laquelle je base mes réflexions est vraie, alors la particule d'origine contenant tout l'univers actuel devait logiquement aussi probablement contenir toute la charge/ l'énergie à action rectiligne qui la maintenait unie. Donc en résumé une particule à charge électromagnétique à action rectiligne -contenant tout l'univers- rencontre un élément dynamique rotatif tendant à ne pas exister -presque rien. En d'autres termes: le TOUT absolu rencontre le PRESQUE RIEN... En toute logique mathématique, ceci est un problème car en effet: TOUT+RIEN = TOUT. C'est-à-dire que cette "configuration" est stable. Il n'y a aucun changement d'état. Mais TOUT+PRESQUE RIEN = changement d'état = BIG BANG?... Le PRESQUE RIEN suffit à faire exploser le TOUT... Le point que je viens de développer pourrait être le "Pourquoi" du Big Bang. Explication dont je concède qu'elle est très abstraite et schématique, voire "scientifiquement romantique", la réalité d'un pareil phénomène étant très vraisemblablement bien plus complexe... Nous poursuivons malgré tout notre "observation théorique" car il nous reste maintenant à voir avec nos moyens limités comment ce processus a pu se développer. Personnellement, quand j'imagine l'instant T auquel la particule de matière rencontre l'élément d'énergie -peut-être qu'il s'agissait aussi d'une particule d'énergie- je peux imaginer en toute logique, que la particule a été "éclatée" à l'infini -processus ayant encore lieu aujourd'hui... Dans ce cas, nous pouvons imaginer que les deux particules se sont mutuellement divisées à l'infini. Ce faisant les particules et corps qui naissent de cet éclatement sont mis en mouvement par l'énergie -par les particules et corps d'énergie?- et se mettent simultanément à tourner sur soi. Ces mouvements résultent de l'interaction entre la force dynamique rotative provoquant l'éclatement et la force statique linéaire tendant à maintenir la particule unie -comme la force d'attraction électromagnétique. Comme je l'expliquais auparavant, l'interaction entre force statique linéaire et force dynamique rotative permet d'expliquer pratiquement tout mouvement observé dans la nature et l'univers. Tout mouvement -toute trajectoire- non parfaitement rectiligne ni parfaitement circulaire est nécessairement une combinaison des deux.

Parallèlement à cet éclatement à l'infiniment petit naissent les notions de temps et d'espace. Pour démontrer cet argument, je me permets la digression suivante. En effet, nous sommes constitués de cellules qui sont aujourd'hui considérées comme des êtres vivants intelligents. Or les cellules sont constituées de particules et au même titre que nous les cellules n'ont pas "décidé de naître". Il est donc logique et manifeste que l'existence des cellules de chaque être vivant sur cette planète est le produit d'une action intelligente. Ce faisant, on peut en conclure que les particules constituant les cellules sont probablement elles aussi intelligentes. À défaut, il est au moins très clair que les particules sont organisées de manière intelligente donnant naissance aux cellules ainsi qu'à des phénomènes tout aussi intelligents comme la division cellulaire ou le fonctionnement de notre système immunitaire. La division cellulaire tout comme le système immunitaire fonctionnent totalement indépendamment de la volonté consciente et intelligente de l'être humain. Bien au contraire il est évident que notre vie/existence dépend et est issue de ces systèmes. Notre capacité de réflexion est conditionné par notre perception, qui elle-même est conditionnée par notre constitution biologique. De manière inconsciente certes, mais indéniable... Cette même

logique nous amène inévitablement à considérer que les particules nous constituant sont intelligentes… La conclusion manifeste et logique à ces observations est que l'intelligence a créé la vie… Très probablement… Une intelligence provenant de l'infiniment petit… Quoi qu'il en soit et pour conclure cette digression, si nous sommes en mesure de percevoir le temps et l'espace, cela veut nécessairement dire, que d'une manière ou d'une autre les particules qui nous constituent en sont aussi capables. Pour autre preuve nous pouvons aussi invoquer le fait que nos pensées sont le fruit de signaux électriques c'est-à-dire de particules élémentaires -les électrons. En d'autres termes, nos pensées résultent de la communication de cellules entre elles au moyen de particules chargées négativement… Ce dernier argument à lui seul suffit à considérer qu'il n'est pas ridicule d'imaginer que les particules puissent être douées d'intelligence et communiquer entre elles… Aussi fou que cela puisse paraître…
Ceci étant dit, je peux imaginer qu'en toute logique, du fait de la "combinaison"/interaction entre son propre mouvement et les mouvements des autres particules, chaque particule, chaque corps peut percevoir la distance (le vide entre chaque particule) et la vitesse (durée nécessaire à parcourir une distance et/ou à effectuer une rotation sur soi). Dès que l'énergie dynamique rotative éclate la particule d'origine, elle met aussi en mouvement les particules et corps qui en résultent. Ces particules et corps perçoivent alors les modifications de leurs positions et mouvements respectifs par "comparaison" aux positions et mouvements des autres particules.

En effet dans la présente théorie, l'axiome de base est que l'énergie met les particules et corps en mouvement. Il s'ensuit logiquement qu'une particule seule dans l'univers et non soumise à aucune force -externe ou interne- ne peut se mouvoir. Cette idée est évidemment contraire à la théorie selon laquelle dès qu'une particule "apparaît" dans "l'espace-temps"

cette dernière y provoque une courbure… En ce qui me concerne, j'ai du mal à concevoir l'espace-temps tel qu'il est généralement mentionné. Pour moi la notion de mouvement a plus de sens. Il m'est plus facile de “concrètement visualiser“ le mouvement que l'espace-temps. Qui plus est, étant donné la nature de l'être humain, ce n'est qu'à travers le mouvement que nous pouvons percevoir l'espace et le temps -donc l'espace-temps… De plus comme nous l'avons précédemment démontré, le temps étant composé d'énergie, l'espace-temps est un concept reposant nécessairement sur la présence d'une énergie, d'une force dynamique. Très probablement rotative -comme dans notre théorie… Or en définitive rotatif ≈ courbé -rotatif est synonyme de courbé. Par conséquent dans notre théorie l'espace-temps est dynamique et courbé par nature, non à cause de la présence de la particule. Cependant si la particule provoque effectivement une courbure de l'espace-temps, alors il est très probable qu'elle soit en mouvement ne serait-ce qu'une rotation sur soi…
Toutefois dans le cadre de notre théorie, dans de telles conditions c'est-à-dire sans rien autour, aucune force ni même un point de référence et par conséquent dans l'obscurité absolue -le néant absolu-, même si cette particule se déplace, à priori elle ne pourrait même pas s'en apercevoir… Pas plus qu'un très hypothétique observateur de cette particule… De toute façon, sans énergie, elle ne peut même pas se déplacer. De toute évidence, la présence d'une autre particule comme point de référence permet à chaque particule de percevoir ses propres changements de position. Par exemple une particule en rotation sur soi va périodiquement percevoir une autre particule à chaque tour complet sur elle-même. Sans cela elle ne pourrait peut-être même pas se rendre compte qu'elle tourne sur elle-même. Ainsi chaque cycle devient l'unité de mouvement -unité de temps ou unité espace-temps. C'est ainsi que nous terriens calculons/mesurons la journée, 1 jour étant notre unité de référence. En multipliant cette unité de référence nous obtenons les semaines, les mois et les années

et en la divisant nous obtenons les heures, minutes et secondes. 1 jour terrien est une vitesse de rotation de la terre sur soi. La vitesse à laquelle un mouvement de rotation sur soi est effectué. Un autre exemple permettant d'illustrer la naissance de la perception du temps est le suivant: plusieurs particules immobiles se trouvent alignées -positionnées en ligne droite l'une après l'autre- et une autre particule passe devant ces particules alignées. Pour simplifier cet exemple nous admettons que les particules immobiles et alignées sont régulièrement espacées. Dans cet exemple, chaque intervalle parcouru par la particule en mouvement est un "cycle linéaire/ rectiligne" -par ex. un mètre. C'est-à-dire qu'à chaque cycle linéaire la particule en mouvement sait qu'elle a parcouru une unité de distance supplémentaire. Si de surcroît la particule en mouvement tourne sur elle-même, elle peut alors mesurer le temps passé à parcourir un certain nombre d'intervalles. Pour cela il lui suffit de combiner le nombre de rotations sur elle-même (par exemple le nombre de jours) et le nombre d'intervalles (par exemple le nombre de mètres). Elle obtient ainsi le nombre d'intervalles par rotation ou le nombre de rotations par intervalles, ce qui donne la vitesse à laquelle les intervalles sont parcourus. En outre si la particule tourne et/ou se déplace toujours à la même vitesse, il peut lui être utile de pouvoir comparer sa vitesse à celle d'autres particules effectuant les mêmes mouvements, afin d'améliorer sa propre perception du temps et du mouvement.

En résumé, la combinaison entre les mouvements d'autres particules et les siens permet à chaque particule de "prendre conscience" et développer sa perception du temps, de la vitesse et de l'espace. Simultanément…

## *Notre continuum*

Étant donné mes moyens ainsi que mes connaissances personnelles limités il ne m'est pas possible d'en dire beaucoup plus sur la façon dont je visualise le déroulement concret du "Big Bang". Cependant les réflexions développées jusqu'à présent mènent à d'autres réflexions sur des phénomènes et éléments intimement liés à ce sujet notamment le concept de "continuum espace-temps". Étant donné la conception traditionnelle de ce qu'est notre continuum, je le définirais comme étant le "conteneur/récipient" dans lequel évolue notre univers perceptible. Notre continuum est généralement défini comme étant composé de quatre dimensions: longueur, largeur, profondeur et temps. Or manifestement et conformément à la logique développée jusqu'à présent dans cet essai, considérer le temps comme une simple dimension supplémentaire me paraît inapproprié. En effet, le temps lui-même est composé de trois "éléments": le passé, le présent et le futur. Par conséquent, il ne me semble pas erroné de considérer ces trois éléments comme des "dimensions temporelles". Ainsi nous pouvons schématiquement décrire notre continuum comme étant composé de six "dimensions" -trois dimensions spatiales/volumiques et trois dimensions temporelles-: longueur, largeur, profondeur + passé, présent et futur. Cela me semble déjà plus logique. Cependant une observation approfondie de notre continuum met en évidence le paradoxe suivant. En effet, en réalité notre continuum est composé d'une infinité de dimensions/directions spatiales/volumiques. La représentation traditionnelle en 3D est schématique. Or une particule ou un point dans ce repère cartésien à infinité de directions peut se déplacer sur une seule direction, dans un sens à la fois et uniquement dans le présent. Cette particule/ce point peut se déplacer par exemple sur la direction droite-gauche, avec la particule/le point étant "égal" à "ici" et "ici" étant égal à "0". La direction “gauche/droite“ peut être orientée/modulée dans une infinité de positions dans un volume sphérique. De plus cette particule/ce point se déplace simultanément dans le temps, du passé vers le futur et en étant toujours dans le présent, avec le présent étant égal à “maintenant“ et “maintenant“ étant égal à “0“. Donc “ici“ = “maintenant“ = “0“. Par conséquent, du point de vue de cette particule la formulation simplifiée/schématique de notre continuum peut être la suivante: **Droite+Gauche+0+Passé+Futur**, avec 0=Maintenant=Ici. Cette formule réunit les dimensions spatiales **D+0+G** et temporelles **P+0+F**, avec les deux “groupes dimensionnels“ partageant le point **0=Maintenant=Ici**, que l’on nomme “point de référence“... **0 = M = I**. En définitive et de manière schématique -très simplifiée-, notre continuum est composé de quatre dimensions et d’un point de référence (0). Qui plus est, lorsqu’on se rend compte que l’espace/le volume et le temps sont eux-mêmes des continuums, on se rend donc aussi compte que notre continuum se compose de deux “sous-continuums“ qui partagent le même point de référence (0). Cette description de notre continuum est subjective, c’est-à-dire du point de vue de la particule. La présente théorie descriptive de notre continuum est une combinaison entre les concepts de repère cartésien et de théorie des ensembles. Dernière précision concernant notre continuum: l’une de ses composantes -le temps- est un élément dynamique, ce qui fait que notre continuum est lui-même nécessairement dynamique.

## *Le voyage dans le temps*

Comme nous l'avons vu précédemment, le temps n'est en définitive rien d'autre que le mouvement relatif des particules. En tout cas pour notre perception... Les particules sont en perpétuel mouvement. Admettons cependant que l'on puisse figer l'instant présent (ou un instant T quelconque) comme une photo. En définitive, cet instant n'est rien d'autre qu'une "constellation" de toutes les particules de l'univers. Depuis le "Big Bang", chaque particule a suivi une trajectoire particulière et les particules constituant l'univers ont formé une quasi infinité de constellations différentes pour arriver à l'instant T. Donc logiquement voyager dans le temps jusqu'à l'instant T revient à repositionner toutes les particules exactement comme à l'instant T, en leur faisant suivre la même trajectoire que celle qu'elles ont suivi jusqu'à l'instant T. Le principe est très simple. Cependant la réalisation d'une telle opération requière tout d'abord une puissance de calcul phénoménale voir inimaginable uniquement pour calculer la trajectoire de chaque particule de l'univers. Ensuite il faut un système/une méthode et/ou une machine capable de "forcer" les particules à suivre leur trajectoire respective -en arrière ou en avant selon qu'on souhaite voyager dans le passé ou le futur- jusqu'à l'instant T -ce qui est évidemment une autre paire de manches... Logiquement seule une espèce ayant elle-même créé le "Big Bang" -ou étant née avant lui- est en mesure d'effectuer pareille opération. Qui plus est, je ne serais pas étonné que cette opération soit un travail titanesque même pour une telle espèce. La complexité et surtout le risque d'échec augmentent quand on ajoute l'action de l'effet papillon. En effet, selon cette théorie, chaque particule de l'univers influe sur ce dernier, y compris -voire surtout- les particules imperceptibles qui nous sont encore inconnues et/ou celles se trouvant à l'autre bout de l'univers. Chaque étoile, chaque galaxie -perceptible ou pas- émet un rayonnement qui nous atteint et influe sur notre perception ainsi que sur notre évolution. Par conséquent, si la trajectoire d'une seule particule ou d'un petit groupe de particules est mal calculée et/ou mal effectuée, il est possible que la constellation obtenue n'ait rien à voir avec la constellation souhaitée. Dans pareil cas de figure, une nouvelle ligne temporelle est automatiquement créée?… Une réalité alternative/parallèle… En dernier lieu, à ce sujet j'aimerais ajouter la précision terminologique suivante: je qualifie le voyage dans le temps réalisé par une espèce telle que la nôtre par ses propres moyens comme étant "artificielle". Par opposition au voyage dans le temps "artificiel", il se peut qu'il existe des moyens "naturels" de voyager dans le temps tels que des "trous de vers" ou "portails quantiques". De tels éléments ou de telles entités pourraient exister dans l'univers et être utilisés par des espèces comme la nôtre pour voyager dans le temps. Cependant, si de telles entités existent, il me paraît fort improbable qu'elles aient été créées par des espèces humanoïdes, même si ces espèces sont nées juste après le Big Bang. Seule une espèce "ante Big Bang" peut avoir créé de pareilles hypothétiques entités ou tout autre moyen de voyager dans le temps à l'exactitude et sans créer de ligne temporelle supplémentaire. En effet et en toute logique, seule une espèce "ante Big-Bang" peut avoir la connaissance et la maîtrise de toutes les particules contenues dans l'univers. Une précision terminologique au sujet de toute hypothétique et très vraisemblable espèce "ante Big Bang" est la suivante: je qualifierais une telle espèce de "forme d'intelligence", c'est-à-dire que selon moi il s'agit d'une "intelligence pure"… Très probablement non matérielle et définitivement non humanoïde… Telle un trou noir… En effet, si une telle espèce est née avant l'univers, il est difficile d'imaginer qu'elle soit "composée" de matière, puisqu'il n'y avait qu'une seule particule. En toue logique… Par conséquent si une telle espèce existe, elle n'a très probablement rien de commun avec la nôtre…

Qui plus est l'idée que cette forme d'intelligence pourrait ressembler à un trou noir m'amène émettre l'hypothèse que les trous noirs sont peut-être des formes d'intelligence. En effet, les humains se considèrent comme une espèce intelligente. Or nous sommes constitués de particules. Comme nous l'avons précédemment évoqué, il n'est donc pas ridicule du tout d'imaginer/de concevoir que les particules qui nous constituent sont elles-mêmes "intelligentes" ou tout au moins agencées de manière intelligente. En extrapolant cette logique, quand on considère la quantité d'informations/de données ainsi que la quantité d'énergie contenues dans un trou noir, il est aussi possible de considérer un trou noir comme une forme d'intelligence, sans pour autant que cela paraisse "ridicule", même si c'est quelque peu surprenant. Au demeurant une telle entité contient tellement de matière qu'elle pourrait recréer une galaxie voire l'humanité. Qui plus est, le trou noir au centre de chaque galaxie met toute la galaxie en mouvement. Étant donné les précédents développements sur le temps et l'énergie, il n'est pas illogique de considérer que ce trou noir puisse donner naissance à la notion de temps à tous les êtres vivants de la galaxie... Sans lui nous n'existerions probablement pas. Par conséquent une telle forme d'intelligence contenant une telle quantité d'énergie serait tout à fait en mesure de nous permettre de voyager dans le temps... Mais probablement pas de manière parfaite à elle seule, c'est-à-dire pas sans créer une ligne temporelle supplémentaire, car le trou noir de notre galaxie ne contrôle pas tout l'univers, or à priori tout l'univers agit sur l'évolution de notre système solaire. Si un trou noir tel le trou noir central de notre galaxie permet effectivement de voyager dans le temps à l'exactitude c'est-à-dire sans créer de nouvelle ligne temporelle, j'en conclus alors qu'il est très probablement voire "quasi nécessairement" lié/connecté à tous l'univers via ses pairs avec lesquels il constitue ainsi un réseau... Un réseau intelligent... Hautement intelligent... L'intelligence la plus haute possible... Peu importe à quel point cette dernière réflexion peut paraître “farfelue“, il s’agit là de pure logique hautement hypothétique… Le raisonnement amenant à cette réflexion -à savoir qu’un trou noir est une forme d’intelligence pure et incommensurablement plus évoluée que la nôtre nous permettant de voyager dans le temps- est purement logique…

Il est aussi possible qu’un trou noir ne soit pas une forme d’intelligence, mais une “preuve d’intelligence“, comme un outil ou un bâtiment sur un site archéologique… L’outil n’est certes pas une forme d’intelligence, mais il “contient“ indéniablement l’intelligence avec laquelle il a été construit, puisqu’il a une fonction, un but, une finalité. C’est un reliquat d’intelligence…

Dans cette partie nous avons Jusqu’à présent développé différentes possibilités de voyager dans le temps. À présent il convient aussi de tenter d'imaginer comment cela peut-il concrètement se dérouler ou au moins d’imaginer quels problèmes nous pourrons rencontrer. Admettons qu’un être humain âgé d’une trentaine d’années parvienne à voyager dans le passé avec son corps de trentenaire, tel qu’on peut le voir dans la science fiction. Or on sait que le corps humain se régénère, ce qui fait qu’il perd des particules pour en acquérir d’autres. Par conséquent les particules qui constituent ce corps de trentenaire ne sont pas les mêmes qu’il y a 10 ou 20 ans. En toute logique une bonne partie de ces particules se trouvaient autre part que dans ce corps. Peut-être dans le corps de quelqu’un d’autre mais plus vraisemblablement ces particules étaient éparpillées dans la nature. Donc si cet individu retourne dans le passé avec un corps contenant des particules qui devraient se trouver ailleurs que dans son corps, cela peut provoquer des modifications du passé dans lequel il se trouve. Selon l’effet papillon, ces modifications peuvent être infimes ou majeures, même s’il s’agit d’un petit groupe de particules. Quoi qu’il en soit, aussi infimes soient elles, de pareilles modifications peuvent donner naissance à une nouvelle ligne temporelle. Cette dernière réflexion confirme mon opinion selon laquelle il est extrêmement improbable que des humanoïdes soient en mesure d’effectuer un voyage dans le temps “parfait/à l’exactitude“ c’est-à-dire sans créer de nouvelle ligne temporelle. Ce qui ne veut pas dire que cela soit impossible. Cependant je ne vois pas comment cela serait possible par nos propres moyens -c’est-à-dire artificiellement.

## *Univers parallèle(s)*

Après avoir abordé le sujet de la création de lignes temporelles supplémentaires, il me paraît logique et approprié de poursuivre ces réflexions avec le concept d'univers parallèle et autres réalités alternatives. En premier lieu, je vais définir le terme "univers parallèle". "Univers" et "Parallèle"... Pour cela je vais avant tout définir notre univers comme étant la somme de toutes les particules existantes, connues ou non, perceptibles ou pas auxquelles s'ajoutent toutes les formes d'énergie possibles. Le terme parallèle signifie "existence simultanée". Un univers parallèle serait alors un univers contenant le même nombre de particules et la même quantité d'énergie et existant simultanément au notre. La découverte de l'intrication quantique tend à confirmer la possible existence d'un tel univers. Une autre particularité intéressante du terme "parallèle" est que des éléments parallèles ne se "touchent" pas. Deux éléments parallèles qu'ils soient proches ou éloignés l'un de l'autre ne se touchent pas et existent et évoluent simultanément dans la même direction -vieillissant en même temps? ... D'un point de vue sémantique, telle serait la définition stricto sensu du terme "univers parallèle": deux univers évoluant simultanément dans le même sens temporel. Sans jamais se toucher... Au demeurant, l'intrication quantique pourrait être une preuve de l'existence d'un tel univers...

Cependant, il est possible d'imaginer différents concepts en fonction desquels un autre univers existerait "parallèlement" au nôtre. En imaginant d'autres possibilités que la définition stricto sensu nous élargissons cette définition. J'évoquais précédemment le terme de "réalité alternative", que l'on pourrait aussi considérer comme une forme d'univers parallèle. Dans ce cas, il s'agirait par exemple d'un univers régit par les même règles physiques que le nôtre, contenant la même quantité de matière, mais ayant évolué différemment du nôtre -légèrement ou complètement différemment. Dans le cadre d’une réalité alternative “légèrement“ différente il serait possible que les mêmes individus que ceux que nous connaissons actuellement existent, mais que ces individus aient un tout autre rôle et une toute autre personnalité… Dans le cadre d’une réalité alternative totalement différente il est possible que la terre n’existe pas ou plus… Un univers régit par les mêmes lois physiques, mais ayant évolué tellement différemment que ni la terre ni l’humanité n’ont jamais existé… De telles réalités alternatives peuvent exister “naturellement“ ou “artificiellement“. Je décrirais le terme “réalité alternative naturelle“ de la manière suivante: admettons par exemple que selon l’effet papillon un individu marchant dans la rue décide de tourner à gauche plutôt qu’à droite, ce qui l’amène à rencontrer quelqu’un qu’il ou elle n’aurait jamais rencontré sinon et que cette rencontre change la face du monde tel qu’on le connaît. Qui plus est, lorsque l’on y réfléchit de manière approfondie, chaque rencontre, chaque geste de chaque individu influe sur le devenir de ce monde. De plus, il est aussi possible que cette personne tourne à droite plutôt qu’à gauche avec des conséquences radicalement différentes pour le monde. C’est l’alternative à laquelle je fais référence… Il est aussi possible que ces deux réalités existent simultanément. Qui sait? Le concept du “multivers“… De surcroît quand on considère le nombre d’individus que nous sommes et qu’on y ajoute tous les autres êtres vivants ainsi que les phénomènes naturels tels que le vent ou la pluie qui peuvent influer sur le cours de l’existence, il semble évident que le nombre de réalités alternatives naturelles est infini ou presque. Par opposition à ces réalités alternatives naturelles -c’est-à-dire survenant suite à des événements spontanés, naturels- il se peut qu’il existe aussi des réalités alternatives artificielles, c’est-à-dire créées par des actions humaines telles que le voyage dans le temps non parfait créant une nouvelle ligne temporelle, comme je l’évoquais dans la partie précédente. Les effets et conséquences de ces actions artificielles sont similaires à celles des actions naturelles. Dans ce second cas, il est vraisemblable que les “humains“ tentant ce genre d’action aient pour but de modifier le passé ou le futur à leur avantage ou simplement par curiosité scientifique et/ou par erreur?... Quoi qu’il en soit, dans le cadre d’hypothétiques “actions artificielles“, il n’est pas dit que tous les paramètres précédemment cités puissent être contrôlés. Ils peuvent être la source d’effets pervers non prévisibles, non souhaités voire contraires au résultat recherché. Par exemple, il ne serait pas étonnant que le moindre changement d’événements passés ait pour conséquence que les humains existant aujourd’hui n’aient jamais existé et soient “remplacés“ par d’autres personnes complètement différentes. Il serait aussi possible que les individus soient les mêmes, mais avec des personnalités différentes - par ex. ton meilleur ami devient ton ennemi...

Une toute autre forme d’univers parallèle serait un univers composé de matière, de particules qui nous sont entièrement inconnues et que nous ne pouvons percevoir. Cet univers serait “géographiquement inclus“ dans le nôtre et des formes de vies, qui nous sont totalement inconnues et imperceptibles s’y développeraient naturellement. Étant donné la quantité de matière et d’énergie dites “noires“, il est “techniquement“ possible qu’un univers entier y soit caché, existant “parallèlement“ au nôtre. Un tel univers pourrait même partiellement se développer “en nous“. En effet, manifestement nous vivons dans un “bain“ d’énergie et de matière noires. Qui plus est, comme les neutrinos, il n’est pas impossible que cette énergie et cette matière noires nous traversent régulièrement sans que nous puissions percevoir quoi que ce soit. Dans ce cas, un tel “univers parallèle“ serait “superposé“ au nôtre.

Un autre univers parallèle que l’on pourrait qualifier d’univers “superposé“ serait un univers “miroir“. Admettons que lors du Big Bang, l’énergie se soit elle aussi fragmentée en particules... En particules d’énergie... On pourrait alors imaginer que ces particules miroitent le fonctionnement des particules de matière et constitueraient ainsi un univers “miroir“ que nous ne pouvons pas percevoir. Quand j’utilise le terme

miroiter, j'imagine par exemple qu'au même titre que les particules de matière de notre univers perceptibles sont maintenues ensembles par d'importantes forces énergétiques, ces particules d'énergie pourraient être maintenues ensembles par des particules de matière. Un tel univers serait vraisemblablement "miroité" dès le stade des particules élémentaires. Ce faisant il me parait difficile d'imaginer et de décrire à quoi le quotidien dans un tel univers ressemblerait. De manière réaliste, dans l'état actuel de nos connaissances, nous pouvons simplement imaginer qu'un tel univers serait probablement superposé au nôtre…
Le dernier type d'univers parallèle que j'évoquerais est le "nano-univers". En effet, comme nous l'avons auparavant logiquement démontré, si l'être humain est "intelligent", étant donné que nous sommes constitués de particules, alors très logiquement notre intelligence vient de ces particules. Soit ces particules sont elles-mêmes intelligentes, soit elles ont été agencées par une forme d'intelligence -l'ADN étant un exemple d'agencement intelligent des particules. À cela je me permettrais d'ajouter l'exemple de nos pensées, qui sont constituées d'impulsions électriques. Cet exemple suffi à lui seul à démontrer "empiriquement" que l'intelligence se trouve aussi dans l'infiniment petit. Qui plus est, quand on observe la structure/composition du cerveau humain, il n'est pas ridicule de le comparer à une galaxie, voire un univers…. Comparaison que je suis loin d'être le premier à faire. Quoi qu'il en soit, aussi farfelue, surprenante et hypothétique que puisse être cette réflexion, elle n'en demeure pas moins logique… L'idée que chaque cerveau puisse contenir un "nano-univers"… En tout cas, dans le cadre de la présente théorie…

## *La probable relation entre trous noirs et énergie - Spin*

Les auteurs de mon espèce disposent uniquement de connaissances générales en physique et en astronomie. Cependant ces connaissances suffisent pour constater empiriquement que tout est toujours en mouvement. Les particules et corps sont toujours en mouvement, de l'infiniment petit à l'infiniment grand. Ce faisant quand de tels amateurs observent les mouvements des planètes autour du soleil et ceux des électrons autour du noyau, il leur est impossible de ne pas faire de rapprochement entre le fonctionnement de la matière élémentaire et celui de l'univers. Surtout quand les ordres de grandeurs sont comparables: en effet, la distance entre le soleil et les planètes est comparable à celle entre les électrons et le noyau. Ce faisant, bien que le monde contemporain de la physique le déconseille voire l'interdise, je ne pouvais m'empêcher d'établir une possible relation entre un trou noir, le spin d'une particule et l'énergie telle que nous l'avons précédemment décrite. En effet notre description de l'énergie rotative amène "instinctivement" à faire ce rapprochement. Tant le trou noir que le spin correspondent à cette description. Autre point commun: les deux ont manifestement la capacité de fissionner et/ou de fusionner la matière... De manières complètement différentes... Probablement dû à leur échelle d'action?...

Qui plus est l'une des hypothèses de la présente théorie selon laquelle l'énergie s'est peut-être elle aussi fragmentée en particules d'énergie renforce l'impression de similitude entre trou noir et spin. En effet, tout comme la "particule de matière" peut-être que l'énergie se trouvait sous la forme d'une "particule d'énergie" qui aurait elle aussi fissionné en une infinité de particules d'énergie de la taille du trou noir à celle du spin... Peut-être que les petites particules d'énergie ont des durées de vies aussi courtes que les particules élémentaires?

Des “particules élémentaires d’énergie“?... Peut-être existe-t-il des spins sans particule, ce qui tendrait encore plus à prouver notre présente hypothèse. Quoi qu’il en soit, ils semblerait que les accélérateurs de particules produisent effectivement des “nano trous noirs“ à courte durée de vie...

Une précédente observation renforce l’hypothèse du trou noir comme une forme d’énergie pure: la tendance à ne pas exister, la tendance vers zéro. Prenons l’exemple du trou noir central de notre galaxie. En effet, l’horizon des événements du trou noir central de notre galaxie serait de la taille de notre système solaire, ce qui à l’échelle de notre galaxie n’est vraiment pas grand chose.

Un argument supplémentaire en faveur de l’hypothèse de la nature purement énergétique du trou noir a trait à sa capacité à même absorber la lumière. Un de nos axiomes précise que l’énergie met tout en mouvement. Par conséquent, tout ce qui est mis en mouvement par l’énergie peut uniquement se déplacer plus lentement. Quelle que soit la taille et la masse, toute forme de matière se déplace plus lentement que l’énergie pure. Y compris les photons... Plus la masse est importante, plus lent est le mouvement... À supposer que l’énergie pure ait une vitesse unique et constante... Si le trou noir est une forme d’énergie pure alors ils tourne à la vitesse la plus rapide possible et la plus absolue. Ainsi peut-il absorber la lumière, car sa vitesse de rotation est plus rapide que la vitesse de la lumière...

Par ailleurs, au sujet de la masse et de la densité je me permettrais la réflexion suivante. En effet, de manière purement théorique et axiomatique, ce qui n’a ni masse ni densité ne peut exister ni être attiré par un trou noir. En principe sans masse ni densité, il n’y a pas de matière. Par conséquent, quelle que soit sa taille toute particule a nécessairement une masse et une densité... Or manifestement même la lumière est attirée par les trous noirs, ce qui tend logiquement à confirmer que même les photons ont une masse et une densité. Pour appuyer cette hypothèse, prenons l’exemple d’un laser: un

laser n'est rien d'autre qu'un "concentré de lumière". Or si les photons n'ont ni masse ni densité, leur concentration devrait être inefficace. En fait il ne devrait même pas être possible de les concentrer. En effet, si la densité = 0, peu importe le facteur de focalisation/concentration -focalisation = ∞-, alors 0 x ∞ = 0. C'est-à-dire que s'ils n'ont ni masse ni densité, peu importe le facteur de concentration/focalisation, le niveau de concentration/focalisation est nul et inefficace...
Pour conclure, à la suite de ces réflexions j'ajouterai, que si le monde scientifique contemporain considère la lumière et l'électricité comme de l'énergie, je les qualifierais plutôt de "manifestations énergétiques". En effet, l'électricité est détectée à partir des électrons et la lumière des photons. Ces particules sont mues par l'énergie pure et nous pouvons mesurer leur quantité et l'intensité de leurs mouvements, qui révèlent la présence d'énergie. Mais ce n'est pas l'énergie pure que nous détectons. En tout cas, selon les axiomes de la présente théorie.

## *Spectre électromagnétique*

Nous avons déjà évoqué l'axiome selon lequel les seuls types de mouvement existants sont à priori le déplacement rectiligne et la rotation. Tout autre mouvement est une combinaison de ces deux types de mouvement. Ainsi se meuvent les ondes électromagnétiques. Le mouvement ondulatoire illustre parfaitement cet axiome. Nous avons aussi évoqué un autre axiome précisant que l'énergie dynamique a une action rotative et l'énergie statique -attraction/répulsion- une action rectiligne. Un troisième axiome de cet essai précise que la force d'attraction/répulsion à action rectiligne est une propriété de la matière. Ce faisant, comme le mouvement des ondes électromagnétiques est une combinaison de forces rotatives et rectilignes, il est logique de considérer que les ondes électromagnétiques sont composées de matière. Ne serait-ce que partiellement... Cette réflexion confirme notre hypothèse selon laquelle les photons sont des particules de matière -possédant une masse. Par conséquent et en toute logique si les ondes électromagnétiques sont matière, on peut alors les considérer comme le cinquième état de la matière: solide, liquide, gazeux, plasmique et ondulatoire.

Cette dernière réflexion amène spontanément à la suivante , à savoir que l'univers est manifestement rempli d'ondes électromagnétiques et de photons visibles -ceux émis par les étoiles- et non visibles, ce qui devrait nous amener à reconsidérer ce que nous appelons le "vide" spatial. Une réflexion supplémentaire à ce sujet a trait aux interférences produites par les rencontres d'ondes de même fréquence. En effet, quand on observe le nombre de corps célestes dans l'univers -étoiles, quasars, pulsars, galaxies etc- émettant toutes sortes d'ondes électromagnétiques, il doit probablement y avoir un nombre incalculable d'interférences en tous genres.

En sus nous savons aussi que les interférences lumineuses par ex. produisent du “noir“. Ce phénomène se produit peut-être aussi pour les fréquences non visibles du spectre électromagnétique. Ce faisant peut-être que ce que nous percevons comme “noir“ dans l’espace est le résultat de toutes ces interférences. Peut-être même que ce que nous appelons matière et énergie “noires“ sont le résultat d’interférences électromagnétiques produites par les rayonnements émis par tous les astres présents dans l’univers -en tout cas en partie. Peut-être les interférences expliquent elles aussi l’écartement des galaxies. En effet, apparemment la réflexion de la lumière peut modifier la trajectoire d’un objet dans l’espace. Il paraît que des astronomes ont été chargés de trouver des solutions afin de dévier un météore en cours de collision avec la terre. L’une des solutions était de peindre le météore en blanc pour changer sa capacité de réflexion de la lumière afin de modifier sa trajectoire. Par conséquent, si nous prenons en compte le rayonnement total de tous les astres de l’univers, peut-être cela a-t-il une action contribuant à l’expansion de l’univers?...
Quoi qu’il en soit en cas d’interférences, il se produit nécessairement quelque chose. Il est possible que de l’énergie se libère ou soit neutralisée?... Ou les deux simultanément?...

## *Une réflexion sur la relation matière-antimatière - Symétrie-asymétrie*

Il est communément acquis que le Big Bang aurait du créer autant de matière que d'antimatière. Apparemment matière et antimatière sont produites simultanément par paires et s'annihilent dès qu'elles sont en contact. L'univers ne devrait donc pas exister. Cependant nous voici... En toute logique, la théorie la plus communément répandue pour expliquer cette "asymétrie" suppose qu'un "surplus" de matière s'est formé et/ou était présent, dont serait issu notre univers. Il semblerait aussi que le monde scientifique contemporain ait des certitudes quant à l'unique manière dont matière et antimatière sont produites...

À ce sujet, en toute modestie et en toute logique, il me semble que même si le monde scientifique n'a pas pu observer d'autre mode de création de matière et antimatière, cela ne veut pas dire qu'il n'en existe pas... Peut-être n'avons nous pas assez observé l'univers ou pas correctement. Peut-être existe-t-il d'autres procédés qui nous sont inconnus par lesquels il est possible de produire de la matière et de l'antimatière séparément?... Cela serait l'explication alternative la plus simple et évidente.

Une autre possibilité serait que l'asymétrie ait été non pas quantitative, mais géométrique/géographique. Par là, j'entends que les particules et antiparticules ont été émises en quantité égales, mais ont été "mélangées" juste après l'explosion ou au cours de l'explosion -ou de leur naissance. Ce faisant, des particules auraient perdu leur antiparticule paire pour être liées/associées à des antiparticules qui ne sont pas leur antiparticule respective voire à d'autres particules. Ainsi ces particules et antiparticules "dépairées" et constituant de nouvelles paires ne pouvaient plus s'annihiler... Par ex. Une paire électron/positron serait devenue une paire électron/antidownquark... Or une telle paire matière/antimatière ne peut s'annihiler, car une particule

est uniquement annihilée par son exacte antiparticule. Un électron peut ainsi être appairé avec toute autre antiparticule sans être annihilé. Apparemment de tels paires sont obtenues dans elle cadre d'expérimentations avec des accélérateurs de particules. Peut-être ce dépairage était-il marginal mais aurait tout de même suffit à créer notre univers?… Dans le cadre de cette hypothèse l'asymétrie n'est pas due à la quantité de matière/antimatière produite, mais à leur répartition par paires.
Une autre solution serait l'existence de particules non encore détectées n'ayant pas d'équivalent en antimatière. Existe-t-il un anti Higgs-Boson, par exemple?… Ces particules auraient donné naissance à notre univers?…
Une autre hypothèse serait que la particule d'origine n'était en fait pas une particule, mais un bain de particules et antiparticules naissant et s'annihilant immédiatement, quand l'énergie ou un autre élément est intervenu, provoquant un déséquilibre ou une asymétrie donnant naissance au Big Bang.
Quoi qu'il en soit, chacune des précédentes explications à cette asymétrie repose peu ou proue sur l'hypothèse contraire à l'opinion contemporaine: à savoir que matière et antimatière ne sont pas nécessairement et systématiquement produites simultanément.
Mes maigres compétences en la matière limitent ma compréhension des expériences menées permettant d'observer la naissance de particules. Comment et où ces observations ont-elles été faites? In vivo ou bien in vitro? En laboratoire (accélérateur de particules) ou dans l'univers (dans l'espace)? Si ces observations sont le résultat de l'accélération ou du bombardement de particules, alors selon moi, il s'agit plus d'une "transformation" que d'une "naissance" de particules. En effet, le terme naissance suppose qu'il s'agit d'un phénomène "naturel". Un phénomène spontané se déroulant dans la "nature" -en l'occurrence dans l'espace-, sans intervention du monde scientifique… Où et comment la naissance "naturelle" de matière et antimatière a-t-elle été observée? Cette affirmation fait-elle suite à des calculs

mathématiques? Dans ce cas et en toute modestie, je me permets de remettre en question les expériences menées et calculs effectués permettant de tirer une telle conclusion. Concernant le calcul mathématique, celui-ci ne peut en aucun cas être preuve de quoi que ce soit. Démonstration: je peux affirmer avoir vu un éléphant rose monter sur un arbre. Cette phrase est grammaticalement correcte, mais manifestement cela est impossible. Je peux en sus affirmer avoir vu un second éléphant rose imiter le premier et dire: j'ai vu un éléphant rose suivi d'un autre éléphant rose monter dans un arbre et en conclure que j'ai vu deux éléphants roses monter dans un arbre. Cette affirmation est grammaticalement correcte et le calcul qu'elle contient est lui aussi correct, mais il n'en demeure pas moins impossible que cela soit vrai. Je tiens aussi à rappeler à mes lecteurs voire attirer leur l'attention sur le fait que la grammaire n'est en définitive rien d'autre qu'une forme de calcul mathématique. Ou plutôt, le calcul mathématique n'est rien d'autre qu'une forme de grammaire, puisque les mathématiques ne sont rien d'autre qu'un language. Je tiens aussi à rappeler à mes lecteurs voire à attirer leur attention sur le fait que tout calcul, toute formule, tout raisonnement, toute démonstration mathématique peut être entièrement écrit en lettres dans la langue maternelle de l'auteur -dans le cas présent le français... Par ailleurs cet essai est un parfait exemple d'une démonstration mathématique effectuée en français... Chaque signe, chaque opération mathématique a un nom en français, que l'on peut écrire en toutes lettres. La seule différence est qu'écrit en toutes lettres, ces calculs, raisonnements et formules prennent beaucoup plus de place. En définitive, "la mathématique" est une langue comme le français -ou l'anglais, l'allemand etc. Elle repose complètement sur la langue maternelle du mathématicien/de la mathématicienne et sur la capacité de chacun à maîtriser sa langue maternelle. Or chaque langue maternelle repose sur la sémantique. Le sens -voire la logique- naît de la définition donnée de chaque terme. Par exemple, en revenant à notre exemple avec les éléphants roses, il est possible que j'ai observé un phénomène qui a véritablement eu lieu, mais que je l'ai mal observé et/ou que j'ai mal défini mes termes. Si ce que j'appelle des éléphants sont en réalité des singes et que du bas de l'arbre je n'ai pu voir que leurs derrières tout roses en train de grimper, alors l'allégation précédente devient sensée et sa véracité devient hautement probable.

Il en va de même avec la matière et l'antimatière. Comme je l'ai fait remarquer dans cet essai, le terme matière lui-même n'est souvent pas défini de manière appropriée. Même si je suis loin de connaître toute la littérature possible relative à l'antimatière, les arguments sémantiques présentés dans cet essai me permettent de conclure logiquement que l'antimatière n'est pas non plus définie de manière appropriée. Or le manque de définitions claires peut entraver l'observation des phénomènes ou engendrer des incompréhensions au sein de la communauté scientifique ou pire encore, entre la communauté scientifique et le public. Or la divulgation de ce savoir au grand public -c-à-d aux amateurs comme moi- est tout de même le but ultime de la science… Ce faisant et empiriquement, il apparaît clairement que l'antimatière n'est rien d'autre que de la matière de charge opposée à celle de la matière. Donc le terme antimatière est de toute évidence inapproprié. En toute logique sémantique, antimatière serait tout ce qui n'est pas matière, donc le "vide/rien"… Le terme "matière miroitée" serait peut-être plus approprié. Cependant cela signifierait que toutes les caractéristiques sont miroitées, ce qui n'est pas le cas puisque les spin sont identiques. "Matière semi-miroitée" ou "matière semi-symétrique", puisqu'il est question de symétrie… Ou encore "matière anti-charge" ou matière "à charge opposée"… Ces deux dernières propositions sont les plus appropriées sur le plan sémantique, mais je peux comprendre que le monde scientifique préfère utiliser le terme antimatière, car il est plus court…

Après ces réflexions sémantiques au sujet de la matière et l'antimatière, le même type de réflexion s'impose pour le concept “d’annihilation réciproque“. Étant donné les axiomes posés dans cet essai, j’ai vraiment du mal à concevoir que l’annihilation au sens stricte soit possible. Il me semble inconcevable que la matière ou son équivalent de charge opposée disparaissent complètement pour ne laisser place qu’à de l’énergie pure. Il me semble plus logique qu’elles se décomposent en d’autres particule voire à l’infiniment petit -ou presque-, ce qui comme pour la fission atomique libère de l’énergie. Ce faisant, les particules créées par cette décomposition sont tellement petites et de durée de vie tellement courte, que nous ne pouvons les percevoir ni les détecter... Nous pouvons uniquement percevoir leur “manifestation énergétique“... L’énergie libérée lors de leur désagrégation?... Cette explication a l’avantage d’être en parfaite harmonie logique avec les autres hypothèses, démonstrations et axiomes de cet essai, notamment l’axiome selon lequel la matière est fragmentée à l’infiniment petit par l’énergie. Par ailleurs, cette fragmentation à l’infini pourrait aussi expliquer la matière noire, dont on peut imaginer qu’elle soit composée de particules et corps de très petite taille et d’une durée de vie aussi courte que leur taille est petite. Par conséquent la matière noire serait une matière en perpétuelle motion. Selon une telle hypothèse, la matière noire serait tellement instable que cela pourrait expliquer pourquoi il est si difficile de la détecter. Il est aussi concevable que ces particules/corps forment de temps en temps des agglomérats à peine plus gros et de durée de vie à peine plus longue et que de temps en temps ces agglomérats forment eux-mêmes de plus gros corps, que nous pouvons percevoir, puis se mettent à former des nébuleuses de gaz, puis des étoiles et ainsi de suite... Pour cela il est très probable que l’intervention de facteurs externes -comme la pression, les radiations, la température, la présence alentour de corps célestes etc.- favorise voire déclenche ce phénomène de reconstruction de la matière. Phénomène qui se produit lui aussi de temps en temps... Quoi qu’il en soit, quand le monde scientifique affirme avoir observé que particules et antiparticules s'annihilent, je me permets en toute modestie de remettre en cause cette observation. Je ne remets cependant pas en cause qu'un phénomène pouvant faire croire à une annihilation a été observé. Peut-être ne s'agit-il pas d'une annihilation, mais d'une transformation, qui a long terme redonne naissance à de la matière, comme décrit précédemment… Qui plus est, afin de résoudre l'énigme de l'asymétrie matière/antimatière, il semblerait qu'il soit nécessaire de procéder non conventionnellement -think out of the box. Pour cela il semble inévitable de tenter de remettre en cause même les théories les plus acceptées et éprouvées. Ce faisant, nous pouvons émettre l'hypothèse qu'il n'y a peut-être pas "annihilation", mais "transformation" des deux éléments, donnant à nouveau naissance à de la matière, séparée de l'antimatière, tel que nous venons de le décrire.

Une réflexion supplémentaire me venant à l'esprit au sujet de la relation "matière-antimatière" a trait à la possible existence d'un univers parallèle.

En effet, de manière très schématique et abstraite on peut aussi imaginer un scénario dans lequel l'antimatière constitue elle aussi un univers comme le nôtre, mais que pour des raisons inconnues nous ne puissions pas le détecter. Ou pas encore… Peut-être que le Big Bang a provoqué une séparation radicale matière/antimatière, chacune s'écartant à 180° l'une de l'autre. Chacune aurait ainsi pu donner naissance à son propre univers et leur l'écartement se prolonge aujourd'hui. Or du fait de cet écartement, cette paire univers/anti-univers ne peut s'annihiler…

En cas d'existence d'un tel anti-univers, une question me viendrait alors à l'esprit: les antiparticules sont-elles aussi sujettes à l'intrication quantique? Car si c'était le cas, il serait alors possible qu'un univers comme le nôtre soit lié de manière inhérente à trois autres univers: son "équivalent quantique" -constitué de matière similaire-, son anti-univers -composé d'antimatière- et l'équivalent quantique de l'anti-univers

-composé lui aussi d'antimatière… Plus on est de fous, plus on rit… Quoi qu'il en soit, le fait que le monde scientifique contemporain considère qu'il y a une asymétrie entre matière et antimatière n'est pas nécessairement vrai, mais pas faux non plus. Peut-être que tout dépend de notre capacité de perception. Qui plus est, s'il est possible de détecter l'antimatière, voire de la stocker, c'est qu'il est possible de l'isoler et de la séparer de la matière. Par conséquent, peut-être l'univers a-t-il procédé de manière identique pour créer cette "asymétrie"… Par séparation -explosive?- de matière et antimatière…
La dernière réflexion à ce sujet est plutôt une question adressée au monde scientifique et à laquelle je n'ai pas de réponse. Que se passerait-il si le spin de l'antiparticule tournait dans le sens opposé à celui de la particule? Par exemple si on retourne l'antiparticule de 180° verticalement, son spin tourne alors dans le sens opposé à celui de la particule. Dans pareil cas de figure, se pourrait-il que les spins -et ainsi les particules- fusionnent?

## *Un commentaire au sujet de l'équation E = m•c2*

Tout d'abord il semble approprié de rappeler la définition et les caractéristiques du terme "énergie" de la présente théorie, afin de pouvoir ensuite faire une comparaison ou un rapprochement avec cette formule.
L'un des axiomes fondamentaux de la présente théorie postule que l'énergie est imperceptible/indétectable. Ce que l'on perçoit, détecte et mesure sont ses effets sur la matière, ses "manifestations matérielles". Un autre axiome de notre théorie stipule que l'énergie sépare la matière et la met en mouvement. Ce faisant et en toute logique, pour une même quantité d'énergie plus une particule est "lourde" -voire dense- plus elle est lente.
Lorsque nous observons cette formule avec nos connaissances mathématiques et physiques rudimentaires, elle met en évidence une relation entre énergie et masse d'un objet -comme le présent essai-, le tout combiné à une constante (la célérité au carré). Dans cette formule la constante n'est en définitive rien d'autre qu'un étalon de valeur et peut être remplacée par n'importe quelle autre constante en fonction des besoins et du type de comparaison effectuée. Cependant pour un profane tel que moi, n'ayant étudié ni les mathématiques, ni la physique, ni Einstein il est difficile de tirer plus d'informations de cette formule. Cependant même si nos compétences en termes de calcul sont clairement déficientes, il n'en reste pas moins que notre capacité de visualisation de phénomènes "abstraits" est tout aussi développée que celle des physiciens et mathématiciens. Ce faisant, quand j'imagine/je visualise une particule -un corps- seule dans l'espace, les deux seules actions possibles auxquelles cette particule peut être soumise sont soit la mise en mouvement, soit la fission -l'éclatement en particules de plus petite taille. Or pour un amateur sans plus d'informations il est difficile de savoir si cette formule décrit un

mouvement ou une fission. En tout cas, si elle un gain d'énergie suite à la fission d'une particule, avec une telle constante servant d'étalon de mesure, il n'est pas étonnant que certains considèrent que la quantité d'énergie contenue dans une particule -un corps- soit considérable.
Une remarque “primitive“ supplémentaire au sujet de cette formule serait la suivante: en effet, si l'on “joue“ avec cette formule on obtient E/m = c2. Sous cette forme, la formule décrit indéniablement un phénomène de propulsion, car pour une masse donnée, il est possible d'en déduire la quantité d'énergie nécessaire pour atteindre la célérité au carré. Par ailleurs, s'il est possible de propulser un objet à la célérité au carré, voyager vers les régions les plus proches de la galaxie voire dans toute la galaxie devient un jeu d'enfant. Ce serait comparable à une commutation banlieue-centre ville en région parisienne… Aller-retour vers Proxima du Centaure en une journée?… Voire beaucoup moins ≈ 420 secondes?… Pour sûr, un pays comme la France (aidé de l'Allemagne) aurait les moyens énergétiques de propulser un objet d'une tonne à pareille vitesse. Reste à savoir combien de centrales nucléaires seraient nécessaires simultanément pour réaliser un tel projet. En effet, environ entre 1,2 et 1,5 g de “combustible nucléaire“ par trajet devrait suffire à propulser un vaisseau ou une sonde d'une tonne vers Proxima du centaure à la vitesse c2… Si mes calculs et mes sources sont corrects… Quoi qu'il en soit, il semblerait que nous ayons découvert un paradoxe, car Einstein affirme qu'il n'est pas possible de voyager plus vite que la lumière car cela nécessite trop d'énergie or sa propre formule semble clairement indiquer le contraire…

# *Conclusion: problèmes de définition - suggestions et remarques terminologiques*

## Formule de naissance

Parfois ce n'est qu'après moult réflexions et détours qu'il est soudainement possible de trouver une formulation plus simple. En effet, sur les quatre éléments fondamentaux deux sont statiques et les deux autres sont dynamiques: le temps et l'énergie sont dynamiques et l'espace et la matière sont statiques. Qui plus est, étant donné notre capacité de perception conditionnant notre compréhension des phénomènes physiques, il est très difficile d'imaginer comment des éléments dynamiques comme l'énergie et le temps peuvent donner naissance à des éléments statiques tels que l'espace/le vide et la matière et inversement. Ce faisant l'on remarque immédiatement que le nombre de combinaisons "plausibles" de ces quatre éléments est très restreint. Un argument supplémentaire vient renforcer notre théorie. Dans toutes les théories traditionelles, ces quatre éléments sont présents de manière axiomatique. C'est-à-dire que personne ne peut vraiment expliquer leur origine. Or la présente théorie ne laisse plus que deux inconnues: la matière et l'énergie. Le temps et l'espace étant issus de la rencontre matière et énergie, comme nous l'avons précédemment démontré -en tout cas, la naissance de notre perception de ces élément est expliquée. En mathématique extrêmement rudimentaire, cela pourrait être formulé de la manière suivante:

- La combinaison Temps + Énergie ne donne à priori rien -c'est-à-dire qu'il est difficile d'imaginer que de cette combinaison soit né notre univers:
  Donc: Temps+Énergie = 0 …

- La combinaison Temps + Matière ne donne rien elle non plus:
  Donc: Temps+Matière = 0 ...

- La combinaison Espace + Temps est traditionnellement la plus communément “acceptée“, cependant cette combinaison ne permet pas non plus d’expliquer ni de visualiser concrètement comment la matière et l’énergie seraient nées de cette combinaison:
  Donc: Espace+Temps = 0 ...

- Il ne reste alors plus que la dernière combinaison possible: Énergie + Matière. Cette combinaison est la seule permettant de visualiser concrètement la naissance de notre univers et son fonctionnement:
  Donc: Énergie+Matière = notre univers perceptible...

Comme nous l’avons démontré par la logique tout au long de cet essai, cette combinaison permet d’expliquer la naissance de la perception de l’espace/du vide et du temps. Il ne reste plus que deux inconnues axiomatiques, l’énergie et la matière. Un élément dynamique et un élément statique ayant donné naissance à notre univers perceptible et permettant d’expliquer son fonctionnement... D’un point de vue sémantique, on pourrait qualifier cet essai de “formule de naissance“... Une formule permettant d’expliquer la naissance d’un phénomène... Dans le cas présent, la naissance de notre univers. Pour un mathématicien il s’agit d’une simple équation. Cependant il s’agit d’une équation décrivant la naissance d’un phénomène par association/combinaison de deux éléments via un processus de transformation. D’un point de vue sémantique le terme équation semble inapproprié, car ce terme signifie “identité/identique/rendre identique/rapprocher“. Or il est clair que le phénomène observé est une transformation en quelque chose de nouveau. L’énergie et la matière se “mélangent/ s’associent“ pour donner naissance à quelque chose qui n’est

ni vraiment énergie ni vraiment matière et dans lequel les deux sont présentes… À savoir notre univers…
Suite à ce raisonnement la proposition terminologique qui me vient immédiatement à l’esprit est la suivante. En effet, selon les axiomes de la présente théorie, on remarque aussi que la matière et l’énergie sont des éléments simples et ponctuels -résidents en un point, de taille définie/limitée- que je qualifierais d’objets, voire d’objets “fondamentaux“, puisqu’il sont à l’origine de notre univers perceptible. Par opposition, le temps et l’espace sont des continuums s’étendant à l’infini.
Ensuite avec la même logique sémantique nous qualifier le “Big Bang“ de phénomène issu de l’interaction d’objets fondamentaux (matière et énergie) se développant dans notre continuum espace-temps -continuum lui-même composé de deux “sous-continuums“ qui sont eux-mêmes des éléments multidimensionnels.
Après ces quelques propositions terminologiques, je me permettrai de partager une réflexion sémantique au sujet des signes élémentaire tels que “+“, “-“, “=“ etc. En effet, tout au long de cet essai, j’ai utilisé les termes “statique“ et “dynamique“ pour décrire les éléments et phénomènes en jeu. Or il me semble évident que les signes “+“, “-“, “x“ et “/“ décrivent la “dynamique“, alors que des signes tels que “=“, “<“, “>“ et “≤“ dérivent la “statique“. En effet, “+ et -“ sont utilisés dans des opérations -ajout/retrait. Or qui dit opération dit modification d’état. Une opération est nécessairement un phénomène dynamique, une transformation. Par opposition “=“, “<“, “>“ et “≤“ décrivent des états -relatifs ou identitaires-. Or un état est manifestement une caractéristiques statique intrinsèque aux objets observés/comparés. Cette observation nous amène à une conclusion sémantique logique qui est une absurdité mathématique: en effet, un phénomène dynamique ne peut pas être égal à une caractéristique statique. Par conséquent 1+1 ne peut pas être égal à 2… 1+1 résulte en 2, mais 1+1 ne décrit pas la même chose que 2. 1+1≠2… Pour illustrer cette démonstration, prenons l’exemple d’un père de

famille pendant la période de noël, qui doit aller acheter un sapin pour sa famille. Comme beaucoup d'hommes -papas-, celui-ci travaille beaucoup, ce faisant les courses de noël sont faites en dernière minute et ce n'est que quelques jours avant noël, en sortant du travail qu'il prend le temps d'aller acheter le sapin de noël… En catastrophe… Lorsqu'il arrive dans le magasin, il ne reste plus qu'un seul sapin -par chance, ainsi il ne se fera pas gronder par sa femme… Juste après lui, arrive un autre père de famille qui vient ramener un sapin, parce que sa femme en avait déjà acheté un. Donc le premier des deux pères de famille voit un deuxième sapin arriver, ce qui fait maintenant deux sapins… Si le premier des deux pères de famille était arrivé en deuxième, en arrivant il aurait vu deux sapins et n'aurait peut-être même jamais su que l'un des deux sapins venait d'avoir été ramené. Donc dans ces deux cas de figure, le père de famille "négligent" voit deux sapins dans le magasin, mais la scène décrite est totalement différente. Dans un cas, il voit le deuxième sapin arriver -s'additionner au premier sapin- et dans l'autre cas, les deux sapins sont déjà là. Dans le premier cas il s'agit d'une opération -1 sapin + 1 sapin- et dans le second cas, il s'agit d'un état, du résultat (= 2) d'une opération à laquelle il n'a pas assisté. Dans le premier cas de figure le signe "+" décrit l'opération au cours de laquelle un autre papa ramène le deuxième sapin… Par conséquent: 1 sapin + 1 sapin = 1 sapin + 1 sapin et 2 sapins = 2 sapins, mais 1 sapin + 1 sapin ≠ 2 sapins… Aussi aberrant et surprenant que cela puisse être, nous venons de démontrer que 1+1 ne peut pas être égal à 2… 1+1 résulte en 2, mais 1+1 ne décrit pas la même chose que 2, donc 1+1 ≠ 2… Qui plus est, dans la vie comme dans le "macro univers" ou "micro univers", tout ajout ou retrait/soustraction d'un objet ou d'une particule survient toujours suite à une opération.

Donc en toute logique 1+1 ≠ 2. Cependant, il s'agit simplement d'une "lacune sémantique" de la science mathématique. À mon humble avis, il faudrait plus de signes permettant de décrire plus précisément la vie et les mécanismes physiques observés dans l'infiniment grand et dans l'infiniment petit. Une mathématique plus "descriptive"... Par exemple dans la vie et la nature, on constate différentes manières dont des corps et objets interagissent pour donner naissance à quelque chose de nouveau. On observe des mécanismes d'addition, de combinaison, de fusion, de cohabitation etc. Toutes ces opérations sont souvent décrites par le signe "+", or comme nous venons de le voir, il s'agit de processus qui en réalité sont très différents les uns des autres. Un autre facteur important a trait à la nature des objets associés. Si par exemple nous prenons une orange et un sapin, en mathématique on écrira: 1 orange + 1 sapin. Or très clairement l'opération 1 orange + 1 sapin résulte en 1 orange + 1 sapin. Par contre 1 sapin + 1 sapin résulte en 2 sapins ou 1 orange + 1 orange résulte en 2 oranges. L'idée est de faire comprendre à mes lecteurs que dans certains cas de figure l'addition/le signe "+" n'est pas le terme le plus approprié pour décrire le phénomène d'association observé. En effet une addition résulte en une plus grande quantité d'objets de même nature -sapin+sapin ou orange+orange-. Lorsque l'on se trouve en présence d'objets de nature différente, il faut manifestement plutôt considérer que ces objets se combinent ou fusionnent ou cohabitent plutôt qu'ils s'additionnent. À ce problème je ne vois que deux solutions: La première serait d'inventer plus de signes pour décrire ces différentes opérations -un signe particulier signifiant "combinaison" ainsi qu'un signe pour "cohabitation" etc.- plutôt que de systématiquement utiliser le terme "addition" et/ ou le signe "+"... La seconde solution serait de trouver un moyen de préciser le sens du signe "+" en fonction de l'opération décrite -fusion, addition, etc. ...

Lorsque l'on approfondit cette réflexion, on se rend compte que les mathématiques utilisent déjà ces deux méthodes, mais peut-être pas assez suffisamment et/ou pas assez clairement -inconsciemment?. C'est en tout cas ce que tend à illustrer l'exemple des km/h. En réalité les kilomètres et les heures ne s'additionnent pas -tout comme les oranges et les sapins-, ils se combinent ou s’associent pour donner naissance au concept de vitesse…

**Réflexions annexes - tentatives de définitions**

Réflexion sémantique sur les quatre interactions fondamentales

En toute modestie il me semble qu'il y ait une contradiction au sujet de la gravitation… En effet, en physique des particules la gravitation semble être considérée comme une force plutôt faible… Or l'astronomie nous montre clairement -par ex. via les trous noirs, étoiles, pulsars et autres magnétars- que la gravitation peut être extrême forte. Dans le cas des trous noirs, la gravitation est tellement forte qu'elle semble annihiler toutes les autres forces y compris l'interaction nucléaire forte et la force électromagnétique… Il semble donc y avoir une contradiction entre Physique des particules et astronomie à ce sujet. En définitive il semblerait que la gravitation soit plutôt une force "contextuelle" c'est-à-dire que sa "puissance d'interaction" dépend des circonstances… Les circonstances étant elles-mêmes définies par le type et la quantité de matière observée, voire l'échelle à laquelle l'observation est effectuée… À priori, plus l'échelle est grande, plus la force gravitationnelle est élevée et efficace?…

Au-delà de cette contradiction, il est aussi possible de constater que sur le plan sémantique le terme "interaction" ne décrit pas les forces fondamentales de manière optimale. En effet, pour qu'il y ait interaction il faut nécessairement la présence d'au moins deux éléments agissant réciproquement l'un sur l'autre. Or si l'on considère ces forces comme des objets distincts et indépendants alors elles ne peuvent constituer une interaction à elles seules. Certes ces forces interagissent entre elles et avec les particules de sorte que l'interaction entre particules repose sur l'action de ces forces, mais pour autant elles ne sont pas des "interactions" au sens stricte. La logique sémantique nous oblige à faire la distinction entre "force fondamentale" et "interaction". L'interaction est l'action réciproque -mutuelle- d'au moins deux éléments/particules…

Suite à cette réflexion sémantique sur le terme "interaction", il est possible de définir les phénomènes suivants comme des exemples d'interaction entre particules : la fusion, la fission et la "liaison" -gravitation?- … Je pars du principe que les termes "fusion" et "fission" sont connus de tous et vais uniquement ajouter quelques précisions au sujet du terme "liaison -gravitation-". En effet, de la manière la plus théorique possible, dans le vide absolu, les seules actions possibles lorsque deux particules se rencontrent sont la fusion, la fission et la liaison. Or la seule liaison réaliste possible est la gravitation. Dans ce cas, le terme "gravitation" décrit effectivement l'interaction entre deux particules. Ce serait le second sens de ce terme, car en effet il est souvent utilisé comme synonyme de pesanteur. Cette pesanteur est elle-même représentée comme la force qui unit -qui lie- deux corps. Or comme nous venons de le voir cette force de liaison repose sur deux forces, puisque chaque élément/particule agit sur l'autre. Si les deux objets/particules ont la même masse chacune gravite autour de l'autre et si les masses sont différentes, la plus légère gravite autour de la plus lourde. Chaque élément/particule dispose d'une force intrinsèque interagissant avec la force de l'autre élément/particule. Qui plus est, à y bien penser, une particule seule dans le vide absolu -sous l'action d'aucune force, même pas une rotation sur soi- ne peut graviter autour de rien… La liaison/gravitation n'est donc possible qu'en présence d'au moins deux particules. Peut-être comme dans l'exemple des deux particules chargées cité en début d'essai?… Un facteur supplémentaire pourrait renforcer la présente théorie de la gravitation. Nous savons à présent qu'en principe ce qui n'a pas de masse ne peut être attiré par quoi que ce soit, ni graviter autour de quoi que ce soit. Ce faisant peu importe la différence de masse, les deux particules agissent toujours réciproquement. Même la petite particule agit sur la plus grosse, comme l'action des planètes sur le soleil, qui n'est apparemment pas parfaitement sphérique à cause de cet effet… Ce faisant comme la gravitation semble donc être composée d'au moins deux forces, cela signifie clairement qu'il ne s'agit pas d'une force fondamentale. Elle résulte de l'interaction de forces fondamentales. Ironiquement au sens mathématique et physique elle n'est pas une "interaction fondamentale", mais sur le plan sémantique, la gravitation est en soi une interaction… Le fait qu'elle soit une "force composée" pourrait expliquer pourquoi le graviton n'a toujours pas été détecté…
Le fait d'évoquer le graviton nous amène une dernière réflexion à ce sujet. Il s'agit de la capacité des Bosons à véhiculer l'énergie. Selon la présente théorie, les Bosons seraient de simples particules composites de matière dont la manifestation énergétique nous donne l'impression qu'ils véhiculent de l'énergie. Ils indiquent la présence d'énergie, qui les amène à exprimer telle ou telle caractéristique. Peut-être leur densité plus légère leur permet-elle d'interagir plus facilement avec d'autres particules? Peut-être sont-elle plus "malléables" ce qui favoriserait le changement

de couleur/de goût... Peut-être la différence entre Bosons et autres particules serait la même qu'entre une planète tellurique et une planète gazeuse? En toute logique, la collision de deux planètes telluriques est très probablement nettement différente de la collision entre deux planètes gazeuses ou une planète tellurique et une planète gazeuse... Peut-être qu'en physique des particules le gaz atomique serait l'équivalent de la nébuleuse de gaz en astronomie?...

## Le modèle spin et charge des particules

Dans le cadre de la présente théorie, nous avons maintes fois évoqué de manière axiomatique la force à action rotative et la force à action rectiligne. Le spin correspondrait à la force à action rotative et la charge à la force à action rectiligne. Lors de la première rédaction de cet essai, lorsque j'évoquais ces forces, je ne connaissais rien ou presque du spin et de la charge. Cela fait maintenant trois ans que je travaille sur cet essai. Depuis je me suis bien évidemment renseigné et lorsque j'ai appris l'existence du spin et de la charge, j'ai tout d'abord pensé que je n'avais probablement pas tout faux. Je voyais plus une confirmation qu'une contradiction de la présente théorie -du présent essai. En tout cas, en grande partie... Au lieu de me décourager -comme c'est souvent le cas dans pareille situation-, les informations générales collectées sur le spin et la charge, m'ont permis d'affiner la présente théorie. Au même titre que pour les quatre éléments fondamentaux, j'ai simplement tenté de définir la charge et le spin le plus simplement possible et me suis tout d'abord intéressé aux caractéristiques principales de ces deux éléments... La charge semble donc être une force de type (électro)magnétique à action rectiligne -attraction/répulsion, comme les aimants?-. Deux charges identiques se repoussent et deux charges de signes opposés s'attirent... Le spin quant à lui semble être une force dynamique à action rotative. Aussi, de manière similaire à la charge, deux spins de même sens s'annulent et deux spin de sens opposés "fusionnent". Ainsi la formulation mathématique suivante pourrait résumer de manière extrêmement primitive les attributs de ces deux forces:
Charge = action rectiligne de type attraction/répulsion
Spin = action rotative de type fusion/fission
Cette formulation rend évidente une relation entre le spin et les principes de fusion/fission. Il est même possible qu'il prenne une part prépondérante dans ces processus. Quant à la charge elle semble fonctionner comme les aimants selon le principe d'attraction/répulsion. Peut-être est-elle responsable de la liaison comme dans l'exemple développé en début d'essai, dans la partie traitant de l'énergie?...
Une réflexion hypothétique supplémentaire au sujet du Spin serait qu'il fonctionne peut-être comme les roues d'un engrenage: deux roues dentées tournant dans le même sens ne peuvent pas s'engrener. En fin de compte cela vaut pour tous les types de roues. En effet, même des roues lisses tournant dans le même sens s'arrêtent de tourner quand elles sont en contact. Prenons l'exemple de deux vélos roulant dans la même direction l'un derrière l'autre -donc avec les quatre roues dans le même sens de rotation-, si la roue avant du vélo de derrière touche la roue arrière du vélo de devant, les deux vélos sont brutalement stoppés. Il s'agit d'un paradoxe de la physique géométrique: en effet, même si les roues tournent dans le même sens, au point de contact elles sont de sens opposés... Apparemment il en va de même avec le spin...
Dans le cadre de mes recherches, j'ai eu l'impression qu'il existe peu d'informations sur l'interaction entre le spin et la charge. Qui plus est ces deux forces ne semblent pas être considérées comme des forces fondamentales, mais plutôt comme des caractéristiques inhérentes aux particules. Cependant, d'après le présent argument il est difficile de ne pas considérer ces deux éléments comme des forces fondamentales. Surtout quand on s'aperçoit qu'elles agissent en réalité au niveau le plus fondamental possible, à savoir la particule... Ce faisant selon mon humble opinion ces deux éléments sont incontestablement des forces fondamentales, peut-être même sont-elles les véritables forces sur lesquelles reposent lesdites forces fondamentales.
Après ces quelques observations et réflexions la question qui semble s'imposer serait de savoir comment le spin et la charge interagissent simultanément sur la particule. Il serait ensuite tout aussi intéressant de savoir comment le spin et la charge d'une particule interagissent avec le spin et la charge d'une autre particule?...
Nous avons plusieurs fois évoqué l'axiome selon lequel tout mouvement résulte d'une combinaison entre une force à action rectiligne et une force à action rotative. Cette combinaison génère aussi les mouvements ondulatoires et très vraisemblablement les mouvements vibratoires.

Selon ce modèle, il est alors possible d'imaginer que le spin et la charge puissent générer une oscillation/une vibration. Prenons l'exemple de deux particules entrant en collision. Il est possible que la force et l'angle de collisions soient telles que les particules ne fusionnent ni ne se fissurent pas, mais qu'elles soient déviées de leur trajectoire et que leur angle de précession soit modifié. Cette modification de l'angle de précession pourrait ainsi générer une vibration. Cette vibration pourrait à son tour se propager et affecter la structure d'autres particules composites. Ces vibrations pourraient par exemple modifier le niveau d'énergie d'un atome. En définitive ces vibrations pourraient avoir une palette d'effets allant des micro-ondes réchauffant la nourriture à l'entrée en résonance des ponts… Peut-être que ces vibrations pourraient même conduire à la fusion et fission de particules?… Il est par exemple possible d'imaginer un scénario dans lequel les particules fusionnent avec une force moindre que celle des accélérateurs de particules, mais avec un angle plus approprié à la fusion des spins… Ces deux derniers exemples pourraient expliquer "l'interaction fondamentale faible"… En somme comme pour la gravitation, il est possible d'imaginer rationnellement que l'interaction faible soit elle aussi le résultat d'autres forces. De faibles vibrations, mais avec la fréquence appropriée pourraient ainsi causer la fusion et/ou la fission de particules et d'atomes… Vibrations elles-mêmes issue de l'interaction entre spin et charge…

Après avoir émis l'hypothèse du "modèle des vibrations" pour tenter de décrire l'interaction entre spin et charge au niveau de la particule, nous allons tenter de décrire comment le spin et la charge d'une particule interagissent avec le spin et la charge d'une autre particule. Au sujet de la charge, comme nous l'avons précédemment évoqué, il est possible d'imaginer qu'elle tende à favoriser la "liaison/gravitation" entre deux particules. Plus concrètement, il est possible d'imaginer que deux charges de signes opposés s'attirent, ce qui rapproche les particules. Une fois les particules suffisamment proches l'une de l'autre, en fonction de l'angle de précession et/ou de l'angle d'approche et du sens des spins, elles peuvent soit fusionner, soit se fissionner ou encore graviter l'une autour de l'autre. En résumé, sous l'action de leurs charges les particules se rapprochent, puis sous l'action des spins, soit elles fusionnent, se fissionnent ou gravitent l'une autour de l'autre…

La dernière hypothèse de ce chapitre a trait au spin. En effet, une fois de plus il est possible de s'imaginer que deux spins de sens différents fusionnent pour donner naissance à un plus grand spin dont l'action serait renforcée. Il serait même possible que ce "double spin" fonctionne comme un élastique: plus il est tendu plus sa force augmente et plus il est difficile de le scinder. Cette dernière hypothèse pourrait expliquer l'interaction forte…

Nous avions presque oublié de traiter le cas de la force électromagnétique. À ce sujet, il semble évident que la charge des particules est le composant essentiel de la force électromagnétique. Ce faisant, en toute logique sémantique la force électromagnétique ne peut pas non plus être considérée une force fondamentale.

En définitive même si cette théorie peut "choquer" nos contemporains du monde de la physique, il semble que la théorie du spin et de la charge comme étant les véritables forces fondamentales mérite qu'on s'y intéresse de manière plus approfondie.

## Réflexion sur l'onde et la particule

D'après le peu que je comprends de la physique quantique, il semblerait que certaines particules se comportent soit comme des particules soit comme des ondes. Prenons l'exemple de la mer pour tenter d'expliquer ce phénomène. En effet, la mer fonctionne en mode ondulatoire et est composée de gouttes d'eau. Chaque goutte d'eau est une "particule de mer" et toutes les gouttes d'eau à la fois constituent les vagues -donc les ondes- qui se projettent sur le rivage. Cependant, si on prend une goutte et qu'on la met à température d'ébullition, elle va s'évaporer sous forme de gaz, donc sous la forme d'un fluide qui comme la mer va se mouvoir de manière ondulatoire… Si le gaz est enfermé et condensé, il reprend la forme de goutte d'eau… De la même manière je peux imaginer que dans des conditions particulières, des particules se "comportent" soit comme des particules soit comme des ondes… Par exemple sous l'effet de vibrations une particule telle un photon se comporte tantôt comme une onde, tantôt comme une particule… Dans le cas de l'expérience de la double fente, on peut imaginer que le détecteur projette une onde et/ou une vibration sur la particule en question, ce qui modifie le comportement de la particule… En effet, à priori tout principe de détection repose sur une "interaction". Prenons l'exemple d'un radar: ce dernier envoie une onde -micro-ondes- sur un corps et le retour de cette onde permet la détection voire l'identification du corps observé... Je suppose que la "mesure" dans l'expérience de la double fente n'est rien d'autre qu'un système de détection similaire au radar... Étant donné la taille d'un photon voire même d'un électron, on peut imaginer que l'onde -voire la vibration- projetée sur de pareils corpuscules affecte leur comportement et les amène à se comporter soit comme une onde soit comme une particule, alors que de plus gros objets ne seraient pas affectés...

## Réflexion sur les interférences d'ondes du spectre électromagnétique

Lorsqu'un amateur tel que moi observe d'une part des phénomènes comme le repoussement magnétique de deux charges de même signe et d'autre part les interférences lumineuses produisant de l'obscurité, une question s'impose: quel est le point commun entre ces deux phénomènes? Comment sont-ils liés?... Dans le cadre de cette problématique nous considérons le repoussement magnétique de deux charges de même signe comme une forme "d'interférence magnétique". Quoi qu'il soit de manière empirique, il est évident que les ondes électromagnétiques ne se comportent pas comme des forces magnétiques. Les ondes électromagnétiques ne s'attirent ni ne se repoussent pas. Les interférences d'ondes radio produisent du bruit galactique -bruissement parasite, un souffle- et les interférences lumineuses produisent de l'obscurité. Comment se manifestent les interférences des autres fréquences du spectre? A quoi ressemblent les interférences d'ondes gamma ou d'ondes infrarouge?
Apparemment dans le cas d'interférence du spectre lumineux visible, les ondes semblent s'annihiler. C'est en tout cas la façon dont notre perception tend à interpréter l'obscurité produite. En contrepartie le bruit galactique produit par les interférences radio indique clairement que les ondes sont plutôt modifiées. Peut-être se mélangent-elles -fusionnent-elles?- pour produire ce bruissement? Nous savons cependant que les interférences d'ondes sonores produisent les deux types de résultat: annulation et combinaison/fusion. Tout dépend du type de fréquence et de comment elles se rencontrent pour interférer... Peut-être en est-il de même avec les interférences du spectre électromagnétique?...
Quoi qu'il en soit, quand nous prenons conscience du nombre d'astres présents dans notre univers et rayonnant en permanence et simultanément toutes formes d'ondes et de fréquences possibles, il y a très certainement une quantité incommensurable d'interférences. Peut-être notre univers est-il essentiellement composé d'interférences?... Quand deux signaux possédant des largeurs de bande et des fréquences différentes se rencontrent, peut-être que seulement une partie de leur spectre s'annule, le reste demeurant inaltéré ou ayant combiné pour donner un nouveau signal? Il est aussi possible que par hasard deux signaux soient exactement égaux et s'annulent totalement, comme les ondes sonores. À ce sujet je dispose de beaucoup plus de questions que de réponses, par exemple: est-ce que la lumière visible peut traverser une zone d'interférence gamma? Etc. ...

## Question sue le concept de monopôle magnétique

Si les particules dites "élémentaires" ont une charge unique, ne serait-il pas logique de les considérer comme des monopôles magnétiques?...

## Réflexion sur la masse et la densité

Le concept de masse semble être utilisé avec des significations différentes par le monde de la physique. Dans notre théorie la matière est fissible à l'infini. Tous les corps -particules composites- sont composés d'éléments -de particules- plus petits et de forces qui maintiennent ces éléments unis -liés. Nous savons aussi que la masse -plus précisément notre capacité à la mesurer- est apparement fonction de la vitesse et inversement. Plus la vitesse d'un objet est élevée plus sa masse est importante. Cela veut dire que manifestement un facteur externe comme la vitesse intervient dans la définition de la masse. Ce faisant, il est possible de considérer la masse comme l'interaction entre les forces externes et les forces internes -maintenant la cohésion- de l'objet. En tout cas pour notre capacité de mesure de la masse, car le paradoxe suivant se présente: en effet, la quantité absolue de matière contenue dans l'objet demeure identique. Or c'est à priori pour cela que le concept de masse a été inventé: pour mesurer la quantité exacte de matière contenue dans un objet. En principe quelle que soit la vitesse d'un objet, le nombre de ses composants demeure inchangé. C'est ce que j'appellerais le "paradoxe sémantique de la masse". Dans la théorie -par définition- la masse est une valeur absolue, mais dans la pratique elle est considérée comme une relative. Pour résoudre ce paradoxe, il serait possible d'introduire le concept de "force de percussion/force d'impact". Selon ce concept, la masse reste identique, mais plus la vitesse de l'objet est élevée plus la force d'impact est élevée. Selon ce même concept, à vitesse égale, plus la masse est élevée, plus la force d'impact est élevée. Ce concept nous permet ainsi de considérer la masse comme une valeur absolue et immuable.

La densité est la quantité de matière pour un volume donné. Par définition il s'agit manifestement d'une valeur relative. De plus et en toute logique, en l'absence de composants -de particules- il n'y a pas de masse ni de densité. Car c'est expressément afin de compter le nombre de composants -particules- d'un objet que ces concepts ont été introduits... En fin de compte la matière et la densité ne sont rien d'autre que de la matière -une représentation de la matière... Par conséquent, la première conclusion -théorème- à tirer de cet axiome est le suivant: là où il y a de la matière, il y a de la densité et inversement. Les deux concepts servent à mesurer le même objet, mais de manière différente: la masse est une valeur absolue et la densité une valeur relative... La seconde conclusion -théorème- est qu'inversement, en l'absence de masse et de densité il n'y a pas de matière...

Cette démonstration "axiomatique" renforce notre hypothèse selon laquelle même les photons ont une masse. En effet, s'ils peuvent être focalisés/concentrés dans un rayon laser, cela signifie nécessairement qu'ils ont une densité. Or s'ils ont une densité, ils ont également nécessairement une masse. En sus, une réflexion plus approfondie nous amène à découvrir un axiome supplémentaire: sans masse, il ne peut y avoir de gravitation... Par conséquent l'effet de lentille gravitationnelle ainsi que l'attraction des photons par les trous noirs confirment fortement la théorie de la masse et de la densité du photon...

Quoi qu'il en soit, comme nous l'avons précédemment évoqué -démontré de manière axiomatique- dans cet essai, dans l'espace absolu -dans le vide absolu-, sans aucun élément de référence il est impossible de mesurer quoi que ce soit de la particule d'origine. Quelle que soignasse de la particule d'origine, à l'échelle de l'infiniment petit, cette masse était infiniment grande et à l'échelle de l'infiniment grand, elle était infiniment petite...

La dernière réflexion -hypothèse- qu'il semble pertinent de mentionner dans ce chapitre a trait au Higgs Boson. En effet, selon le monde scientifique contemporain, cette "particule" serait le vecteur de masse -en tout cas le champs lui correspondant. Or nous savons que la masse joue un rôle prépondérant dans le fonctionnement de la gravitation. Il semble donc logique que le Higgs Boson ait un rôle déterminant dans le fonctionnement de la gravitation... La gravitation étant clairement une "force composite" une "interaction" au sens stricte et sémantique, le Higgs Boson ne peut intervenir dans son fonctionnement que de manière indirecte et/ou partielle -c-à-d entre autres... Par le biais de la masse... Le Higgs Boson peut être considéré comme l'équivalent du fameux "graviton"...

## Réflexion sur le concept de particule élémentaire

En toute logique sémantique, une particule qui se décompose pour donner naissance à une particule élémentaire comme cela semble être le cas avec les quarks de seconde et troisième génération ne peut être une particule élémentaire. En effet, par définition et en toute logique sémantique comme nous l'avons rappelé dans cet essai, une particule élémentaire est indivisible -non fissible. Or une telle particule est nécessairement "non modifiable", c'est-à-dire qu'elle ne peut pas céder de composants et ainsi se transformer en une autre particule -elle ne peut pas changer de couleur ou de goût. En effet, en toute logique, tout changement de couleur/goût suppose nécessairement une modification de la nature de la particule... Une modification de ses composants... Or si une particule contient des composants, il s'agit nécessairement d'une particule composite et non d'une particule élémentaire. Même l'électron n'est pas une particule élémentaire, car il peut être décomposé par un positron.

De surcroît, une telle particule a nécessairement une durée de vie infinie. En effet, si la particule élémentaire n'est pas fissible, elle ne peut se décomposer en éléments de plus petite taille... En fait, elle ne peut pas du tout être décomposée, ni modifiée. Ce faisant, sa durée de vie est donc illimitée...
Une particule élémentaire peut uniquement participer à la composition de corps de plus grande taille, associée à d'autres particules et/ou d'autres corps... Pour résumer cette réflexion, il semble qu'en toute logique une particule fissible et/ou pouvant changer de goût et/ou à courte durée de vie ne peut être une particule élémentaire. Une telle particule est nécessairement une particule composite -selon la définition scientifique traditionnelle- ou un corps -selon notre définition... Enfin selon un des axiomes fondamentaux de la présente théorie, à savoir que la matière est fissible à l'infini, il ne peut pas exister de particule élémentaire au sens strict...

## Précision sur l'axiome matière+énergie

En toute logique et à priori, un corps sphérique -comme la particule d'origine- seul dans le vide absolu -sans influence d'aucune force- ne peut se mouvoir. Dans un tel contexte, ce corps sphérique ne peut ni se déplacer ni effectuer de rotation sur soi... Pour cela, une "intervention extérieure ou tierce" semble nécessaire... Dans le cadre de ce modèle, le concept d'énergie est alors ajouté à celui de matière...
Dans le cadre d'un second modèle, il est possible d'imaginer que le mouvement -en l'occurrence la rotation sur soi- est une caractéristique intrinsèque de la particule. Ce second modèle repose sur un axiome radicalement différent, à savoir que l'énergie et la matière sont un seul et même élément. L'énergie serait une caractéristique inhérente à la matière... Au demeurant, ce second modèle pourrait expliquer la théorie selon laquelle une particule seule dans l'espace-temps courbe ce dernier: à cause de sa rotation?...
Aucun des deux modèles ne peut être prouvé. Chacun d'eux repose sur une hypothèse qui ne peut être prouvée, mais sans leur hypothèse fondamentale respective, aucun des deux modèles n'a de sens. Pour cette raison, il est possible de qualifier les hypothèses fondamentale de ces modèles comme étant des "hypothèses axiomatiques"... En dernier lieu il convient de préciser que notre présente théorie repose évidemment sur le premier modèle. Le second modèle semble mal défini, notamment le concept d'espace-temps, au sujet duquel nous avons déjà évoqué, que le concept de mouvement serait plus approprié...

## Réflexion sur la répartition -la densité- matière/énergie dans l'espace

Manifestement, dans l'espace l'énergie n'est pas répartie de manière uniforme. Les trous noirs, les étoiles, les planètes, les nébuleuses de gaz, les ondes électromagnétiques ont chacun(e) leur propre densité -masse. Pour un même volume ces corps célestes contiennent une différente quantité de matière. Quel enseignement au sujet de l'interaction entre matière et énergie pouvons nous tirer de cette observation? Est-il possible d'en tirer un enseignement quelconque? Quoi qu'il en soit, empiriquement -avec nos maigres moyens- tout ce qu'il est possible d'observer à ce sujet, est que leur concentration sont proportionnellement liées. En effet, il semblerait qu'il y ait plus d'énergie, là où il y a plus de matière et inversement... Comme si la matière et l'énergie s'attiraient mutuellement...

## Réflexion sur l'état quantique/l'intrication et la simulation

Dans cet essai nous n'avons fait pratiquement aucune allusion à la physique quantique, car nous la comprenons encore moins que les spécialistes -avec ironie et sympathie... Étant donné nos maigres connaissances en la matière, il nous est uniquement possible de voir une très hypothétique et très théorique relation entre l'intrication quantique et la théorie de la simulation. En effet, apparement les notions de superposition d'états et d'intrication quantique impliquent la notion d'univers multiples, qui elle-même implique la notion de simulation... En effet, si notre

réalité est une possibilité parmi d'autres il n'est pas impossible du tout que cette "réalité" soit une réalité virtuelle qui pourrait ressembler à une simulation... Il se pourrait qu'il existe une réalité effective et une infinité de réalités alternatives virtuelles simulées... Il se pourrait aussi qu'il n'existe que des simulations ou que les réalités alternatives soient toutes "matériellement véritables"... Peut-être que tous les univers alternatifs sont réels et existent dans des dimensions/ continuums distincts?
Une autre explication à la théorie de la simulation serait que nous sommes le passé d'un présent en voie de réalisation. Dans le cadre de cette hypothèse, le passé serait une trace du présent. Cette trace existerait virtuellement -donc comme une simulation- alors que le présent suit son réel cour...

Réflexion sur l'expansion et la courbure de l'espace-temps

Sémantiquement considéré, en tant que concepts absolus l'espace et le temps sont immuables. Ce sont des continuums et rien n'affecte les continuums. Et inversement... Il ne subissent aucune expansion, aucune rétraction ni aucune courbure. À mon humble avis, seule l'hypothèse d'une masse fluide -composée de matière noire et/ou d'énergie noire?- dans lequel l'univers perceptible "baigne" et évolue serait susceptible d'expliquer l'expansion/rétraction et/ou la courbure de l'espace-temps. Comme tous les fluides, celui-ci serait en permanence soumis à l'action de courants et de vagues, qui lui confèreraient sa forme dynamique. Sous l'effet des ces courants, il est possible d'imaginer que les galaxies s'écartent les unes des autres. Il est aussi possible d'imagier qu'un tel fluide subisse un courbure sous l'influence d'une particule en rotation. Cette théorie du "fluide" pourrait aussi expliquer pourquoi les ondes gravitationnelles altèrent notre mesure du temps. En effet, il est possible d'imaginer que ces ondes telles des vagues modifient l'orbite de la terre autour du soleil -même pour un court instant. Ce faisant, tous nos repères et systèmes de mesure sont déstabilisés/décalibrés, ce qui donne l'impression que le temps -l'espace-temps- a été modifié. En fait seule notre capacité de mesure -notre perception- est affectée, mais pas le temps ni l'espace en tant que continuums absolus...
Puisque nous venons d'évoquer l'expansion de l'univers, pour clore ce chapitre peut-être pouvons nous brièvement revenir sur ce sujet. En effet, quand deux galaxies s'écartent l'une de l'autre chacune se déplaçant à 200.000 km/s -donc 2/3 c-, la vitesse totale d'écartement est de 400.000 km/s -soit 4/3 c-. À condition qu'elles s'écartent l'une de l'autre à 180°... La vitesse d'écartement est donc supérieure à celle de la lumière, mais comme chaque galaxie se déplace plus lentement que la lumière, celle-ci nous parvient malgré tout...

Réflexion sur le concept de forme d'intelligence et la vie...

Dans l'essai, je fais référence au fait qu'une forme "d'intelligence" aurait pu donner naissance à la vie, voire à l'univers tout entier. Je peux tout à fait imaginer que beaucoup y voient une référence à Dieu... Même si je comprends tout à fait que certains fassent ce rapprochement, je ne me permettrais pas d'affirmer qu'il s'agit de la même entité... Par contre certaines réflexions à ce sujet me paraissent inévitables. La première est que si cette forme d'intelligence a créé la vie, elle a aussi probablement créé l'évolution, ne serait-ce qu'indirectement et/ou involontairement. Cette forme d'intelligence a aussi probablement créé la logique sur laquelle je me base pour écrire cet essai... Une chose est sure, à savoir que la logique n'est pas uniquement un outil de travail scientifique, mais un outil de travail quotidien appartenant et maîtrisé par tous... Prenons un exemple que tout le monde a probablement déjà vécu. Un(e) ami(e) vient me rendre visite et frappe à la porte. Quand je lui ouvre, je constate que son manteau est mouillé. J'en conclus alors qu'il a plu... Cette exemple illustre la logique la plus élémentaire et "primitive" possible. Il montre aussi de manière incontestable qu'absolument tout le monde maîtrise au moins ce type de logique... Cependant si la seule logique n'est certainement pas suffisante pour saisir cette forme d'intelligence, elle nous aide indéniablement à saisir la partie de cette intelligence qui est à notre portée... De toute façon, cette forme d'intelligence est d'une immensité telle que nous ne pouvons en saisir la totalité. Même si tous les êtres humains partageaient la même croyance, il ne nous serait pas possible de saisir la totalité de cette forme d'intelligence. Si cette forme d'intelligence existe bel et bien et qu'elle a effectivement créé l'univers, même toutes les formes de vies de l'univers associées ne pourraient être en mesure de saisir la totalité de cette entité... En tout cas, en toute logique... En toute logique, une telle entité est capable de tout ce que l'être humain et toutes les autres espèces de l'univers sont capables... En mieux... Une telle entité est à la fois le meilleur scientifique et le meilleur prêtre possibles... Entre autres exemples... Et je ne serais pas étonné que la logique et la méthode scientifique nous rapprochent au moins autant de cette entité que la prière... En tout cas, la logique nous en rapproche certainement elle aussi à sa manière. Sans vouloir choquer ni provoquer le monde religieux... Avec un brin d'humour bienveillant, je me permettrais d'hypothéquer que Georges Lemaître ne me contredirait pas, sinon il serait dans la pire des positions possibles pour cela...

## Réflexion sur la conscience

La présente réflexion m'est venue à l'esprit pendant la rédaction de l'essai, mais je ne l'y ai pas mentionnée, car si intéressante soit elle, elle ne me semblait pertinente avec aucun des thèmes traités. Dans l'essai, je démontre entre autres qu'en toute logique si nos cellules sont intelligentes c'est très probablement parce qu'elles sont constituées d'une matière qui est elle-même intelligente -agencée de manière intelligente. De plus, les cellules sont considérées comme des êtres et/ou des mécanismes biologiques "intelligents" entre autres parce qu'elles communiquent entre elles. Or en toute logique, pour qu'une entité quelconque puisse communiquer avec une autre entité, il semble nécessaire que ces entités soient conscientes de leurs existences et de leurs "corps" respectifs et réciproques... Prenons un exemple stupide: pour que je puisse communiquer avec un interlocuteur humain, il faut nécessairement que je sache que je suis moi aussi un humain, que je sois conscient de mon corps et que je puisse faire la différence entre mon corps, l'environnement et le corps de mon interlocuteur... Si je parle à mon bras en pensant que c'est un interlocuteur indépendant de moi, j'ai manifestement un gros problème... En toute logique, il en va de même pour tout être capable de communiquer avec ses pairs, y compris les cellules de notre corps. Et ce quel que soit le mode de communication... Par conséquent, on peut affirmer avec quasi-certitude que les cellules du corps humain sont conscientes de leur propre existence et du fait que chacune d'entre elle est une entité à part entière... Cela ne veut pas dire pour autant que chacune d'entre elle est consciente d'appartenir à un corps humain dans sa totalité. Il en va de même pour chaque être humain. Chacun d'entre nous est conscient de son existence et de son corps, mais très peu d'entre nous sont conscients que nous faisons partie d'un "méta écosystème"...
En extrapolant cette réflexion, je me suis moi-même "choqué" lorsque je suis arrivé à la conclusion suivante: en effet, si les cellules sont intelligentes, c'est parce que la matière qui les constitue est elle aussi très probablement intelligente -ou du moins organisée intelligemment. Ce faisant il est logiquement possible imaginer que les particules constituant les molécules d'ADN sont elles-mêmes intelligentes et conscientes de leur propre existence... En effet, l'ADN est manifestement une molécule "organisée intelligemment", ce qui veut nécessairement dire que les particules constituant cette molécule se positionnent "intelligemment" pour former l'ADN. Or pour que ces particules se positionnent "intelligemment" il leur faut très probablement communiquer entre elles. Or pour communiquer ente elles, il faut nécessairement que ces particules soient conscientes de leurs existences respectives... Par conséquent, en toute logique et aussi aberrant que cela puisse être pour mes hypothétiques lecteurs, il n'est pas totalement ridicule d'imaginer voire d'accepter le fait que les particules sont elles-mêmes intelligentes et conscientes... Si cela peut rassurer mes lecteurs, je suis moi-même sidéré d'arriver à pareille conclusion. Mais ainsi va la logique...